All about SIMPLE COOKING

TWO IN THE KITCHEN

맞벌이 밥상

Prologue

간혹 요리 전문 기자들이 부쩍 촬영하는 요리마다 원고도 받기 전에 레시피를 물어볼 때가 있습니다. 저의 스튜디오에 놀러 와도 그릇은 어디서 사는지, 어떤 조리 도구로 요리하는지, 음식을 어떻게 만들었는지는 관심 없이 '너 잘한다' 하고 먹기만 하던 친구들도 어느 때인가 전화해서 질문을 늘어놓습니다. 바로 결혼한 직후죠.
먹기만 하던 음식도 어떻게 만드는지 관심이 가고, 맞벌이하느라 바깥 음식만 먹다 보면 친정엄마가 해주시던 집 밥이 그리워집니다.
그런 맞벌이 친구들이 항상 털어놓는 고민은 요리도 잘 못하면서 하나씩 사다 보면 버리는 재료가 더 많다는 것입니다. 몇 년 한 살림도 아니고 스테이크 한 번 해 먹으려면 없는 재료 투성이. 재료가 너무 많이 들어 사 먹는 게 더 쌀 지경인 게죠. 시키는 대로 하나는 해 먹겠는데 남은 재료는 어디에 써야 할지 모르겠다, 집도 좁고 냉장고도 작아 쟁여두려니 자리도 없다 하는 게 공통적인 불만이었습니다.

그래서 이 책에서는 고민하지 않고 일주일은 밥 해 먹을 수 있는 식단과 장보기를 제안합니다. 일주일치 장본 재료를 그 주에 모두 사용하니 냉장고에서 재료가 굴러다니면서 썩을 일도 없고, 냉동실 문을 열 때 뚝 떨어진 단단한 덩어리에 발등 찍힐 일도 없어 과소비 없고 버리는 것 없는 식단이지요.
장보기 리스트만 들고 가면 2인 가족이 일주일은 고민 없이 먹을 수 있는 식단 그리고 제철 재료를 대체할 수 있는 재료들을 제안합니다. 또 취향에 따라 단품 요리로 먹고 싶은 것만 골라 준비해도 되지요.

덤으로 집들이 음식도 제안합니다. 그럴듯하게 뽐낼 만하고 칭찬받을 수 있는 요리들로 만 준비했습니다. 한식, 양식, 일식, 중식이 이것저것 섞여 뭘 먹었는지 생각도 잘 나지 않는 집들이 상차림이 아닌 한 가지 스타일로 구색을 맞춘 집들이 음식, 손님 초대 음식 은 전문 레스토랑 부럽지 않을 것입니다.

그리고 굿나이트 굿모닝 · 굿나이트 굿런치 메뉴로 허겁지겁 준비하지 않아도 되는 든든 한 아침과 점심도 제안하니 냉장고에 붙여놓고 다양하게 응용해서 꼭 챙겨 드셔보세요.

아직 맞벌이 주부도 아니지만, 이 책을 내게 된 것은 가까이 있는 수많은 맞벌이 부부 친 구들 그리고 일하면서 늘 만나는 맞벌이 부부 기자들 덕택이 아닐까 합니다. 촬영을 담당 한 포토그래퍼 박유빈 실장님과 진행자 최세진 팀장님도 모두 맞벌이 부부다 보니 알알 이 조언들이 모여 완벽해진 느낌입니다.

이 책을 집필하면서 제 머리와 몸속에 있는 레시피들이 속속들이 빠져나간 기분입니다. 알짜 알갱이들을 챙기시려면 지금 바로 이 책을 넘겨보시기 바랍니다.

2013. 10
저자 문인영

SPRiNG
스마트한 매일 밥상+점심 도시락

SUMMER

스마트한 매일 밥상+점심 도시락

AUTUMN

스마트한 **매일 밥상+점심 도시락**

WiNTER

스마트한 매일 밥상+점심 도시락

PARTY
당일 1시간 만에 완성하는 손님상

BASiC iNFO

APPENDiX

Notice
일러두기

☐ 매일 **밥상**+점심 **도시락** 메뉴는 모두 **2인** 기준 레시피다.

☐ 일주일치 식단과 레시피 분량에 딱 맞는 장보기 리스트도 펼쳐 보여준다.
특정 제철 재료인 경우 대체 가능 재료도 표기해두었다.

☐ 매일 **밥상**+점심 **도시락** 메뉴에는 **사이클 메뉴**⟳ 를 표기해두었다.
사이클 메뉴란 비교적 시간이 여유로운 저녁에 양을 넉넉하게 만들었거나
먹고 남겼을 때 보관해뒀다가 다음 날 약간의 품을 더해
메뉴를 쉽게 리뉴얼해 먹을 수 있는 것을 칭한다.

SPRiNG

향긋한 봄날

스마트한 매일 밥상 + 점심 도시락

추운 겨울 동안 움츠러든 몸과 마음에
따뜻한 봄 햇살과 더불어 새로운 기운을 불어 넣어줄
봄 향기가 그득한 밥상.
두릅, 미나리, 달래, 냉이가 밥상을 푸르게 물들이고,
향긋한 향은 움츠러든 기운을 소통 시켜 줄 것이다.

SPRiNG
스마트한 일주일 **식단**

	아침 밥상	점심 도시락(아점 밥상)	저녁 밥상
Sun		바질페스토파스타	봄동겉절이 ↻ 마늘돼지목살양념구이
Mon	바질페스토치즈토스트	밑반찬 3종 봄동된장비빔밥 ↻	두부달래된장찌개 ↻ 뚝배기달걀찜
Tue	달래된장죽 ↻	냉이초고추장나물 봄동쌈장나물	두부부침 달래오이무침 냉이된장국
Wed	단호박라테	달래장비빔밥	바질페스토채소구이 ↻ 크림리소토
Thu	누룽지달걀죽	봄동샐러드 바질페스토채소샌드위치 ↻	가지나물 ↻ 호박나물 ↻ 돼지목살김치찌개 ↻
Fri	베이컨채소스크램블	나물비빔밥 ↻ 김칫국 ↻	오이양파생채 냉이달걀말이
Sat		양파수프 프렌치토스트	모둠채소베이컨볶음밥

↻ 사이클 메뉴
넉넉히 만들어두었다가 약간의 품만 더하면
다음 날 아침이나 점심 식단으로 새롭게 변신이 가능한 메뉴입니다.

든든한 **밑반찬 3종**

중국식오이피클
ㄴ만들기 026쪽

봄나물간장장아찌
ㄴ만들기 026쪽

아몬드멸치볶음
ㄴ만들기 027쪽

달걀 12개
주키니 1개
➜ 애호박으로 대체 가능
오이 4개
가지 3개
누룽지 1장
달래 40뿌리(1¹⁄₂봉)
➜ 부추로 대체 가능
마늘 28쪽(1봉)
냉이 53뿌리(1봉)
➜ 시금치로 대체 가능
아몬드 60개(60g)
복음용 멸치 130g(1봉)
국물용 멸치 25마리
봄동 큰 것 2포기
➜ 배추로 대체 가능
두반장 1병
spring
스마트한
일주일치
맞춤 장보기

생크림 500ml
우유 4¹/₂컵 (900ml)
바질페스토 1병
단호박 1개
버터 2×2×1cm 4조각
모차렐라슬라이스치즈 1봉(7장)
양파 4¹/₂개
발사믹식초 4큰술(40ml)
연유 ¹/₄컵
두부 1모
호밀빵 1개
스파게티면 150g
베이컨 16줄(2팩)
돼지 목살 600g(1근)

바질페스토파스타

스파게티면 150g
양파 1/2개
베이컨 4줄
마늘 8쪽
바질페스토 6큰술

1.
양파는 도톰하게 채 썰고
베이컨은 1cm 폭으로 채 썬다.
마늘은 도톰하게 저며 썬다.

2.
바질페스토의 기름과 건더기를
조금 덜어 달군 팬에 두른 후
양파, 베이컨, 마늘을 넣고 볶는다.

3.
끓는 물에 스파게티면을 넣어
7분간 삶은 후 체에 건진다.

4.
삶은 스파게티면을 ❷에 넣고
나머지 바질페스토를 넣어
골고루 볶는다.

파스타는 의외로 요리 초보자들이 가장 쉽게 할 수 있는 요리다.
바질페스토소스뿐 아니라
크림, 토마토, 알리오올리오소스 등으로 바꿔서 활용할 수 있다.

봄동겉절이 + 마늘돼지목살양념구이

겉절이 양념은 먹기 직전에 버무려야 숨이 죽지 않고 맛있다.
돼지고기는 미리 구우면 기름이 지고, 양념을 함께 넣으면
익기 전에 타기 때문에 고기를 다 익힌 다음에 가볍게 양념한다.
고춧가루를 넣으면 칼칼한 맛을 더할 수 있고,
채 썬 채소를 고기 아래 깔아 같이 먹어도 좋다.

봄동겉절이

봄동 1/3포기
통깨 1/2작은술

양념 재료
식초 2큰술
설탕 2큰술
고춧가루 2작은술
조선간장 2작은술

1.
봄동은 잎을 낱낱이 떼어 깨끗이 씻은 후
먹기 좋은 크기로 썬다.

2.
볼에 양념 재료를 넣고 골고루 섞어
봄동잎과 함께 가볍게 버무린 후
통깨를 뿌린다.

마늘돼지목살양념구이

돼지 목살(구이용) 400g
마늘 8쪽

양념 재료
조선간장 2큰술
설탕 1큰술
후춧가루 약간

1.
목살은 어슷하게 칼집을 낸 후
한 입 크기로 썰고
마늘은 굵게 저며 썬다.

2.
달군 팬에 목살과 마늘을 넣어 볶는다.

3.
목살이 익으면 양념 재료를 모두 넣어
골고루 볶는다.

바질페스토치즈토스트

토스트에 바질페스토를 바르고 치즈를 올려 굽기만 하면 되는 아주 간단한 메뉴.
바질페스토 대신 잼을 바르고 치즈를 올려도 좋다.
담백한 맛을 원하면 치즈를 빼고 페스토만 바른다.

호밀빵 4장
바질페스토 2큰술
모차렐라슬라이스치즈 2장

1.
호밀빵에 바질페스토를 바른다.

2.
모차렐라슬라이스치즈를
삼각형으로 2등분하여
❶에 하나씩 얹는다.

3.
팬에 치즈가 위로 가도록
빵을 올린 후 뚜껑을 덮고
약한 불에 5~7분 굽는다.

➕
**뚜껑이 없는 팬이라면
크기가 맞는 접시를 덮어도 됩니다.**

밑반찬 3종 + 봄동된장비빔밥

중국식오이피클은 꼬들꼬들하게 씹히는 맛이 포인트다.
물기가 적은 가시오이나 청오이로 만들면 좋고,
오이를 절인 후 물기를 꼭 짜야 오랫동안 맛있게 즐길 수 있다.
봄나물간장장아찌는 봄나물의 향을 오랫동안 간직하면서 즐길 수 있는 메뉴다.
멸치볶음은 바삭하게 만들어 밥과 함께 비벼 먹기에 좋은 메뉴.
아몬드 외에 다른 견과류를 넣어도 좋다.
조금 더 들러붙는 느낌을 원하면 설탕 대신 올리고당을 넣고 버무릴 것.
멸치볶음은 멸치에 짠맛이 있기 때문에 소금을 넣지 않아도 된다.
봄동된장비빔밥은 된장 대신 고추장, 쌈장을 활용해도 좋다.

중국식**오이피클**

오이 3개
천일염 3큰술

피클국물 재료
식초 1컵
설탕 $1/2$컵
두반장 5큰술

1.
오이는 길이로 4등분한
후 5cm 길이로 어슷하
게 썰고 천일염을 골고
루 뿌려 1시간 동안 절
인다.

2.
오이가 꼬들꼬들하게
절여지면 물기를 꽉 짠
다음 피클국물 재료를
골고루 섞어 냉장고에
하루 정도 숙성한다.

봄나물**간장장아찌**

봄동 $1/2$포기
냉이 10뿌리

장아찌국물 재료
조선간장 $1/4$컵
설탕 $1/4$컵
식초 $1/4$컵
물 $1/4$컵

1.
봄동잎은 씻어서 물기
를 제거한 후 줄기를 반
으로 갈라 어슷하게 썬
다. 냉이는 씻은 후 물
기를 제거한다.

2.
냄비에 장아찌국물 재
료를 모두 넣어 한소끔
끓인다.

3.
열탕 소독한 유리병에
손질한 봄동잎과 냉이
를 담아 ❷를 부은 후
뚜껑을 닫고 30분 후에
먹거나 냉장고에 3일
동안 숙성한다.

아몬드멸치볶음

잔멸치(볶음용) 130g
아몬드 50g
설탕 1큰술
물엿 2큰술

1.
잔멸치는 체를 받쳐 흐
르는 물에 한 번 씻은
후 물기를 제거한다.

2.
달군 팬에 멸치를 넣고
달달 볶는다.

3.
멸치가 골고루 노릇해
지면 아몬드와 설탕, 물
엿을 넣어 고루 섞이도
록 볶는다.

봄동된장비빔밥

밥 2공기
봄동 1/2포기

양념 재료
된장 4큰술
설탕 1작은술
참기름 4큰술
통깨 약간

1.
봄동잎은 깨끗이 씻어
한 입 크기로 썬다.

2.
끓는 물에 봄동잎을 넣
어 살짝 데친 후 물기를
꼭 짠다.

3.
볼에 데친 봄동잎과 양
념 재료를 넣어 버무리
고 밥과 함께 도시락에
담는다.

두부달래된장찌개 + 뚝배기달걀찜

찌개를 끓일 때 달래와 두부는 마지막에 넣어야 달래 향이 나면서
씹히는 맛이 좋고, 두부가 부드러워진다.
뚝배기달걀찜에는 자투리 채소를 무엇이든 넣어도 좋다.
또 소금으로 간을 하면 담백한 맛을 즐길 수 있고
조선간장이나 새우젓으로 간하면 감칠맛이 더해진다.

두부달래된장찌개

달래 20뿌리
두부 1/2모

국물 재료
멸치 10마리
다시마(5×5cm) 1장
된장 3큰술
물 3컵

1.
멸치는 머리와 내장을 제거하고
다시마는 겉면을 닦는다.

2.
달군 냄비에 멸치를 넣어 볶다가
노릇해지면 다시마와 물을 붓고
20분 정도 끓인다.

3.
달래는 깨끗이 손질해
4cm 길이로 썰고
두부는 깍두기 모양으로 썬다.

4.
❷의 국물에서 멸치와 다시마를
건져낸 다음 된장을 풀고 손질한 달래와
두부를 넣어 한소끔 마저 끓인다.

된장찌개를 1컵 정도 남겨두면
다음 날 아침 된장죽으로 응용할 수 있습니다.

뚝배기달걀찜

달걀 4개
다진 양파 1/4개분
멸치 5마리
참기름 2큰술
소금 약간
물 1컵

1.
멸치는 머리와 내장을 제거하고
물과 함께 뚝배기에 넣어
15분 정도 끓인다.

2.
❶의 뚝배기 가장자리에
참기름을 두르고 끓이다가
멸치를 건져낸다.

3.
볼에 달걀과 소금을 풀고
다진 양파를 넣어 골고루 섞은 다음
❷에 부어 달걀이 반 정도 익을 때까지
젓다가 뚜껑을 덮고 약한 불에
10분간 익힌다.

달래된장죽

밥 1컵
두부달래된장찌개 1컵
030쪽 참고
부순 김 2큰술
물 2컵

1.
냄비에 물과 밥을 넣고 끓인다.

2.
밥이 퍼지면 두부달래된장찌개를 붓고
골고루 퍼지도록 한소끔 더 끓인다.

3.
❷에 부순 김을 올린다.

찌개는 먹고 나면 항상 조금씩 남기 마련이다.
간간한 찌개에 물을 더하고 밥을 넣어 죽을 끓인 후 마지막으로 김을 넣어 맛을 더할 것.
칼칼한 맛을 원하면 고추장이나 고춧가루를 약간 풀어도 좋고,
건더기가 있는 것이 좋다면 채소나 버섯 등을 썰어 넣고 함께 끓이자.
전날 밤에 미리 밥과 물을 냄비에 넣어두면 밥이 퍼지는 시간을 줄일 수 있다.

냉이초고추장나물 + 봄동쌈장나물

한 번 만들어둔 **나물**들은 간장, 된장, 고추장양념 등을 바꿔가면서
양념하면 또 다른 맛으로 즐길 수 있다.
처음에 된장에 버무렸다면 초고추장을 더해 새콤하게 즐겨보자.
나물반찬에 달걀부침만 하나 더하면 비빔밥으로도 즐길 수 있다.
양념장이 없는 비빔밥용 나물은 반찬용 나물보다
간을 조금 세게 해야 밥과 비볐을 때 간이 잘 맞는다.

냉이초고추장나물

냉이 20뿌리
통깨 약간

양념 재료
고추장 $1/2$큰술
식초 $1/2$큰술
설탕 $1/2$작은술

1.
냉이는 씻어 깨끗하게 손질한다.

2.
끓는 물에 냉이를 넣어
뿌리가 부드러워질 때까지
5분 정도 데친 다음 물기를 제거한다.

3.
볼에 양념 재료를 넣어 골고루 섞은 후
데친 냉이와 버무리고 통깨를 뿌린다.

봄동쌈장나물

봄동 1/3포기
아몬드 10개
통깨 약간

양념 재료
된장 1큰술
고추장 1큰술
참기름 1큰술

1.

봄동은 잎을 낱낱이 뜯어 깨끗이 씻고
아몬드는 굵게 다진다.

2.

봄동잎을 먹기 좋은 크기로 썬 다음
끓는 물에 넣어 데치고 물기를 제거한다.

3.

양념 재료를 골고루 섞은 다음
❶의 다진 아몬드를 넣고 섞어
❷의 봄동잎을 버무린 후 통깨를 뿌린다.

두부부침 + 달래오이무침 + 냉이된장국

두부의 물기를 말끔히 제거하고 밀가루옷을 입히면 **두부부침**을 더 바삭하게 즐길 수 있다.
두부부침을 먹고 남았을 때 고추장, 설탕, 다진 마늘 혹은 간장으로 양념하여 조려 먹어도 좋다.
무침요리는 오랫동안 두면 물이 생기므로 먹기 바로 전에 무칠 것.
냉이를 데친 후 콩가루에 버무리면 맛도 좋고 영양소도 보완된다.
콩가루 대신 선식가루나 미숫가루를 더해도 맛있다.

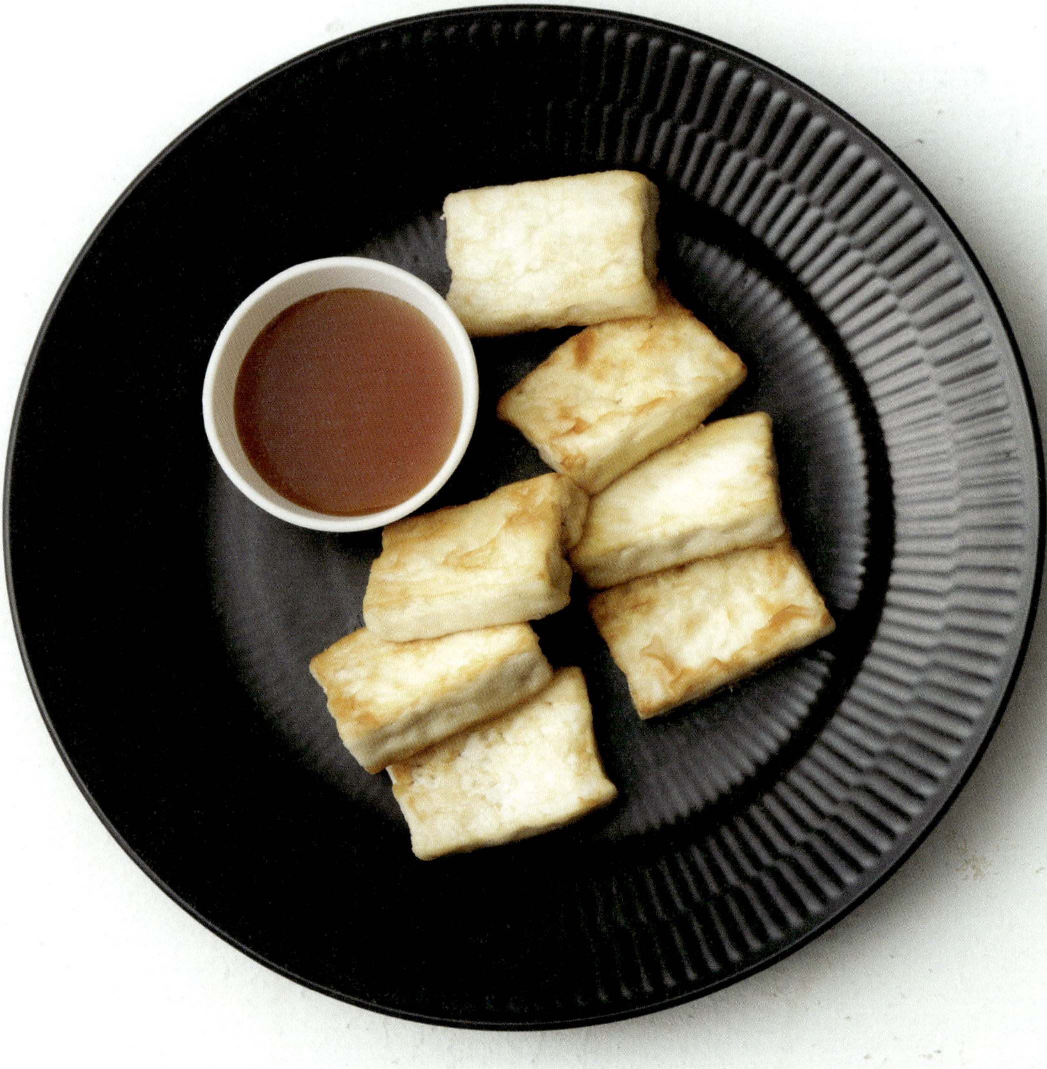

두부부침

두부 1/2모
밀가루 적당량
부침용 기름 적당량

초간장 재료
조선간장 1큰술
식초 1큰술

1.
두부는 1cm 폭으로 도톰하게 썬 후
종이타월에 올려 물기를 제거한다.

2.
❶의 두부에 밀가루옷을 얇게 묻힌다.

3.
달군 팬에 기름을 두르고
밀가루옷을 입힌 두부를 넣어
양면을 노릇하게 익힌 후
초간장을 만들어 곁들인다.

달래오이무침

달래 10뿌리
오이 ¹⁄₂개

양념 재료
조선간장 1큰술
식초 2큰술
설탕 1작은술
고춧가루 ¹⁄₂작은술
통깨 ¹⁄₂작은술

1.
달래는 5cm 길이로 썰고 오이는 길이로 반 가른 후 어슷하게 썬다.

2.
볼에 양념 재료를 모두 넣어 골고루 섞은 후 달래와 오이를 넣어 버무린다.

냉이된장국

냉이 20뿌리
미숫가루 1큰술

국물 재료
멸치 10마리
다시마(5×5cm) 1장
된장 1큰술
물 2컵

1.
멸치는 머리와 내장을 제거하고 다시마는 겉면의 물기를 닦는다. 달군 냄비에 멸치를 넣고 볶다가 노릇해지면 물과 다시마를 넣어 15분간 끓인다.

2.
냉이는 깨끗이 손질한 후 미숫가루를 넣어 버무린다.

3.
❶의 국물 맛이 우러나면 멸치와 다시마는 건져내고 된장을 푼 다음 냉이를 넣어 5분 정도 끓인다.

단호박라테

단호박 3/8개
우유 2컵
생크림 1/2컵
소금 약간

1.
단호박은 껍질째 깨끗하게 씻어
큼직하게 썬 다음
속이 위를 향하도록 찜통에 넣고
20분 정도 찐다.

2.
단호박이 부드럽게 익으면
꺼내어 속을 발라내고
껍질은 따로 보관한다.

3.
믹서에 단호박 속과 우유를 넣어
곱게 간다.

4.
냄비에 ❸을 넣어 끓으면
생크림을 붓고 한소끔 더 끓인 후
소금으로 간한다.
껍질을 잘게 잘라서 곁들인다.

단호박은 전날 저녁에 미리 삶아 두었다가 아침에 이용하자.
껍질째 같이 갈아도 좋지만 색이 보기 좋지 않다.
사용하고 남은 단호박은 삶아서 냉동실에 보관해두면
해동해서 라테를 만들거나 마요네즈 등과 버무려 샌드위치에 활용할 수도 있다.

달래장비빔밥

향이 좋은 달래장이 있으면 다른 반찬 없어도 밥 한 공기를 뚝딱 먹을 수 있다.
달래 대신 부추, 깻잎, 양파, 미나리 등의 향신채소로 양념장을 만들어도 좋다.

밥 2공기
달래 10뿌리
달걀 2개
부침용 기름 약간

양념장 재료
조선간장 4큰술
고춧가루 1작은술
통깨 1큰술
참기름 1작은술
물 2큰술

1.
달래는 깨끗이 손질해 씻은 후
1cm 길이로 썬다.

2.
달래와 양념장 재료를 골고루 섞는다.

3.
달군 팬에 기름을 두르고
달걀을 반숙으로 부친 다음
밥 위에 달걀부침을 올리고
달래양념장을 곁들인다.

바질페스토채소구이 + 크림리소토

바질페스토는 특유의 향과 맛을 지녀 간단한 채소구이도 별미로 만들어준다.
바질페스토가 없다면 올리브유에 버무려 구운 후 굵은 후춧가루를 뿌려도 좋고,
집에 있는 말린 허브를 살짝 곁들여도 괜찮다.
또 다진 마늘과 오일에 함께 버무려 구워도 맛있다.
항상 다 사용하지 못하고 남기게 되는 생크림은
냉동실에 1회 분량씩 넣어 보관해두었다가 해동해서
리소토나 크림소스를 만들 때 사용하면 좋다.
생크림의 느끼한 맛이 싫다면 마른 고추나 청양고추를 함께 볶아 넣으면 칼칼해진다.

바질페스토 채소구이

가지 1개
주키니 2/5개
양파 1/2개
단호박 1/2개
바질페스토소스 5큰술
후춧가루 약간

1.
가지와 주키니는 동그란 모양을 살려
0.5cm 두께로 어슷하게 썰고
양파는 도톰하게 채 썬다.
단호박은 납작하게 저며 썬다.
단단해서 썰기 쉽지 않은 단호박은
전자레인지에 2분 정도 돌리면
쉽게 썰린다.

2.
손질한 채소들과
바질페스토소스를 섞어
골고루 버무린다.

3.
달군 팬에 ❷를 올려
양면을 노릇하게 익힌 후
마지막에 후춧가루를 뿌린다.

바질페스토채소구이를 넉넉하게 만들어 남겼다가
다음 날 점심 샌드위치 메뉴로 응용해도 좋습니다.

크림리소토

밥 2공기
양파 $1/4$개
마늘 4쪽
베이컨 4줄
올리브유 2큰술
우유 $1^1/_2$컵
생크림 1컵
소금 약간
후춧가루 약간

1.

양파, 마늘, 베이컨은 굵게 다진다.

2.

달군 팬에 올리브유를 두르고
양파, 마늘을 넣고 볶아 향을 낸 후
베이컨을 넣어 노릇하게 볶는다.

3.

❷의 양파가 익으면 밥을 넣고
골고루 볶은 후 우유를 붓고 끓인다.

4.

밥이 조금 퍼지면 생크림을 넣고
골고루 섞은 후
소금과 후춧가루로 간한다.

누룽지달걀죽

시판하는 누룽지는 급할 때 사용하기에 좋다.
달걀을 더하면 부드럽고 고소한 맛이 잘 어울리는데
달걀 비린내에 예민하다면 파나 고추를 함께 넣어도 맛있다.

누룽지 1장
달걀 2개
소금 약간
물 3컵

1.
냄비에 누룽지와 물을 넣고
15분 정도 끓인다.

2.
약한불에서 ❶에 달걀을 풀어 넣고
익으면 마지막에 소금으로 간한다.

봄동샐러드 + 바질페스토채소샌드위치

샐러드에 넣는 **봄동**은 생으로 먹기 때문에 겉잎보다는 속잎을 활용하면 더 부드럽다.
바질페스토채소샌드위치를 만들 때 오븐이 없다면 팬에 올린 다음
불을 약하게 하고 뚜껑을 덮어두면 오븐에 굽는 것 같은 효과가 있다.

봄동샐러드

봄동 1/3포기

소스 재료
엑스트라버진 올리브유 2큰술
발사믹식초 4큰술
후춧가루 약간

1.
봄동은 잎을 낱낱이 뜯어 깨끗이 씻은 후
1cm 폭으로 채 썰어 도시락에 담는다.

2.
도시락에 담을 때는
소스 재료를 골고루 섞어 따로 담는다.

바질페스토채소샌드위치

호밀빵 4장
바질페스토채소구이 2인분
↳048쪽 참고
모차렐라슬라이스치즈 3장
마요네즈 4큰술

1.
호밀빵에 마요네즈를 바른 후
바질페스토채소구이를 올린다.

2.
❶에 모차렐라슬라이스치즈를 올린 후
마요네즈를 바른 다른 빵을 덮는다.

3.
팬에 ❷를 올린 후 뚜껑을 덮고
약한 불에서 양면을 4~5분 정도
따뜻하게 데워 치즈를 녹인다.

호박나물 + 가지나물 + 돼지목살김치찌개

나물은 익히면 숨이 죽기 때문에 썰었을 때 많아 보여도
양이 3분의 1정도로 줄어든다 생각하고 요리하면 된다.
가지는 기름을 많이 먹기 때문에 물을 같이 넣어가면서 볶으면 칼로리를 낮추고 빨리 익힐 수 있다.
나물을 볶을 때 취향에 따라 들기름, 참기름을 두르고 볶으면 다양한 맛을 즐길 수 있다.

돼지목살 김치찌개

돼지 목살 200g
김치 1/2포기
김칫국물 2컵
설탕 적당량
물 2컵

1.

돼지 목살과 김치는
한 입 크기로 썬다.

2.

달군 냄비에 목살과 김치, 설탕을 넣고
골고루 볶는다.

3.

김치가 투명해지면 물과 김칫국물을 붓고
뭉근하게 20분간 끓인다.

김치찌개를 넉넉하게 만들어 남았다면
다음 날 점심 때 양파와 물을 더해
김칫국으로 활용해보세요.

호박나물 

주키니 2/5개
들기름 4큰술
조선간장 2큰술
고춧가루 1큰술

1.
주키니는 길이로 반 가
른 후 어슷하게 썬다.

2.
달군 팬에 들기름을 두
른 후 주키니를 넣어 볶
는다.

3.
주키니가 부드럽게 익
으면 조선간장, 고춧가
루를 넣어 골고루 버무
린다.

가지나물 

가지 2개
참기름 4큰술
조선간장 2큰술
통깨 2큰술
물 2큰술

1.
가지는 길이로 반 가른
후 어슷하게 썬다.

2.
달군 팬에 참기름을 두
르고 가지와 물을 넣어
골고루 볶는다.

3.
가지가 부드러워지면
조선간장, 통깨를 넣고
골고루 버무린다.

베이컨채소 스크램블

간단한 스크램블도 남은 자투리 채소를 넣어 만들면
영양도 보충되고 맛도 풍성해진다. 단단한 채소는 얇게 썰어서 볶아야
익는 시간이 단축되고 다른 재료와 비슷하게 익힐 수 있다.

베이컨 4줄
양파 1/4개
단호박 1/8개
달걀 2개
우유 1/2컵
생크림 1/2컵
소금 약간
후춧가루 약간
부침용 기름 약간

1.

볼에 달걀을 풀고
우유와 생크림을 부어 골고루 섞는다.
양파는 굵게 다지고
단호박은 납작하게 썬다.

2.

달군 팬에 기름을 두르고
양파, 단호박을 넣어 볶는다.

3.

❷의 채소가 익으면 ❶의 달걀과
우유, 생크림, 소금, 후춧가루 섞은 것을
부어 젓가락으로 휘휘 저어가며 익힌다.
팬 한쪽에 베이컨을 함께 굽는다.

fusilli · pasta · ravioli · pasta · fusilli · pasta · ravioli · pasta

나물비빔밥 + 김칫국

걸쭉한 김치찌개보다 가볍게 끓인 **김칫국**은 시원한 맛이 더 좋다.
남은 김치찌개로 김칫국을 끓이면 국물 맛이 깊고 김치가 더 푹 익어 술술 잘 넘어간다.
양파 대신 양배추, 무, 파 등을 활용해도 좋다.
남은 김치찌개의 양이 적어 심심하다면 물 대신 김칫국물을 더해 끓여보자.

나물비빔밥

밥 2공기
가지나물 2인분
  ↳059쪽 참고
호박나물 2인분
  ↳059쪽 참고

고추장양념장
고추장 2큰술, 참기름 1작은술

볼에 고추장을 넣어 부드럽게 저은 후
참기름을 넣어 골고루 섞는다.

간장양념장
조선간장 2큰술, 통깨 1큰술
고추 1개, 물 1큰술

통깨는 곱게 갈고 고추는 다진 다음
볼에 간장, 물과 함께 넣고 골고루 섞는다.

된장양념장
된장 2큰술, 들기름 1작은술

볼에 된장을 넣어 부드럽게 저은 후
들기름을 넣어 골고루 섞는다.

세 가지 양념장 중 선택해서 비벼 드세요.

김칫국 

1.
양파는 깨끗이 씻어 도톰하게 채 썬다.

2.
달군 냄비에 기름을 두르고
채 썬 양파를 넣어
숨이 죽을 때까지 볶는다.

3.
❷에 김치찌개와 물을 붓고
15분 정도 끓인다.

Fri
저녁 밥상

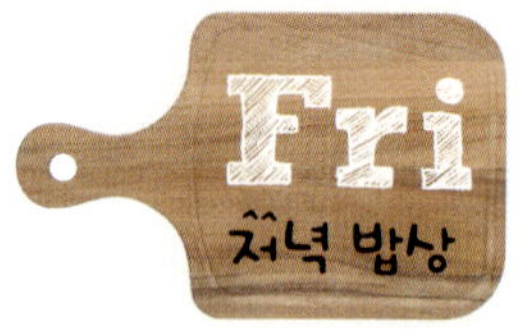

오이양파생채 + **냉이**달걀말이

달걀말이는 처음에 중간 불에 팬을 달궈 달걀물을 부은 후 불을 줄이고 윗면이 반 이상 익었을 때 말면 부드럽게 잘 말린다. 달걀물을 많이 부어서 두꺼워지면 밑은 타고 위는 안 익으므로 0.3cm 정도 두께가 되도록 부어 말아가면서 남은 달걀물을 다시 붓고 익으면 마는 방식으로 만들 것. **오이양파생채**를 할 때 양파의 매운 향이 강하면 찬물에 넣어 매운맛을 뺀 후 사용하자.

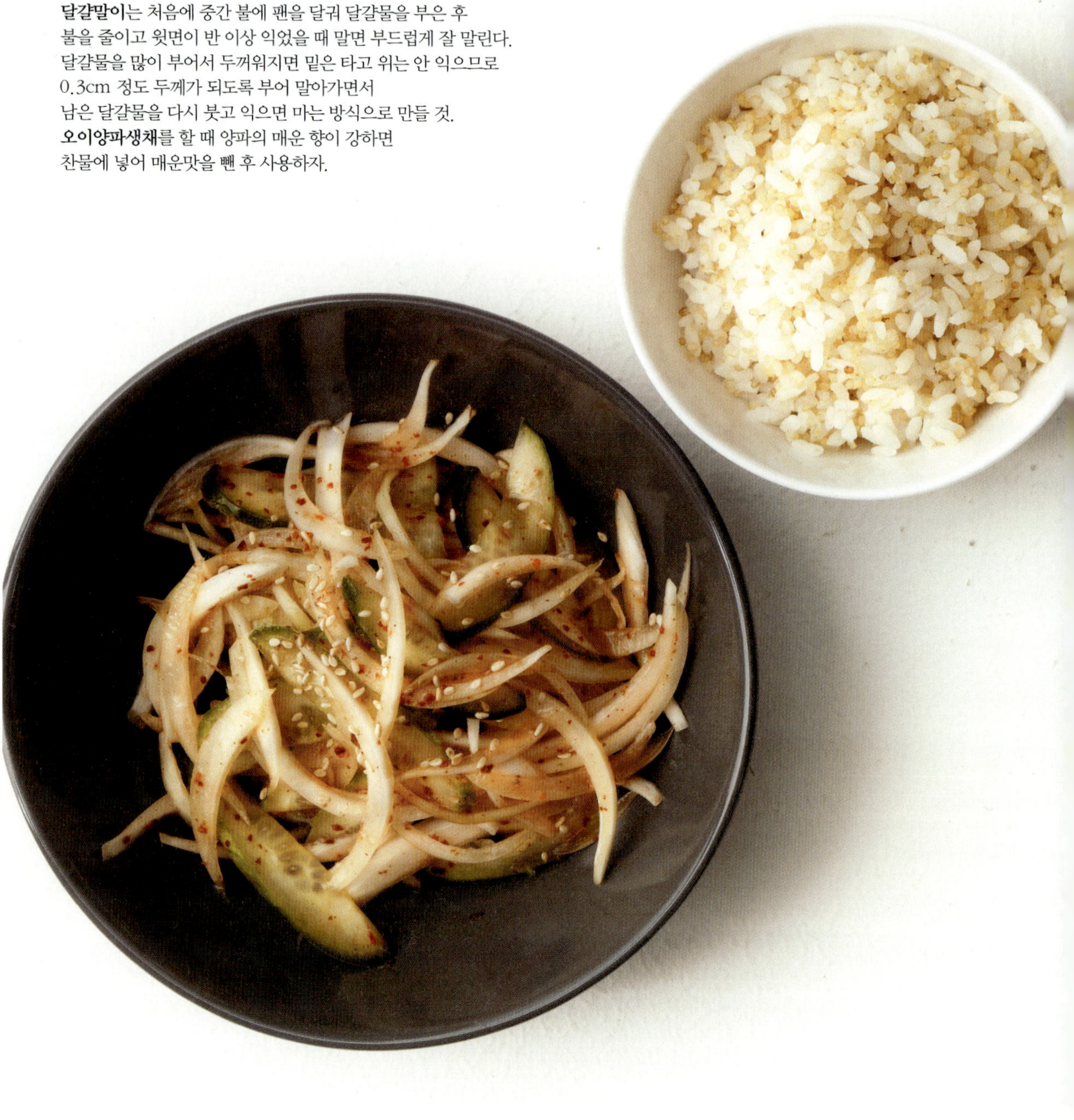

오이양파생채

오이 1/2개
양파 1/2개

양념 재료
조선간장 2큰술
식초 2큰술
설탕 2큰술
고춧가루 1/2작은술
통깨 약간

1.
오이는 길이로 반 가른 후
0.3cm 두께로 어슷하게 썰고
양파는 도톰하게 채 썬다.

2.
볼에 양념 재료를 넣어 골고루 섞은 후
오이, 양파를 넣어 버무린다.

냉이달걀말이

냉이 3뿌리
달걀 3개
소금 약간
부침용 기름 약간

1.
냉이는 끓는 물에 데친 후 송송 썬다.

2.
볼에 달걀을 푼 다음 소금으로 간하고
냉이와 함께 골고루 섞는다.

3.
달군 사각 팬에 기름을 두르고
❷를 부어 넓게 펼친 다음
약한 불에서 조금씩 말아가며 익힌다.

양파수프 + 프렌치토스트

양파는 충분히 볶으면 단맛이 나고 부드러워진다.
갈색이 날 때까지 볶는데 불이 세면 탈 수 있으므로 약한 불에서 물을 조금씩 부어가면서 볶을 것.
프렌치토스트는 부드러운 빵보다 약간 딱딱해진 빵으로 만들면 더 맛이 좋다.
전날 밤에 미리 달걀물에 빵을 담가두었다가 만들면 속까지 맛이 배어든다.
강한 불에서 구우면 겉은 타고 속의 달걀물은 익지 않으며
중간 불에서 뚜껑을 덮어 익히면 속까지 부드럽게 잘 익는다.

양파수프

양파 2개
모차렐라슬라이스치즈 2장
버터(2×2×1cm) 2조각
소금·후춧가루 약간씩
물 2컵

1.
양파는 가늘게 채 썬다.

2.
팬에 버터를 두르고 양파를 넣어
갈색이 나도록 볶는다.

3.
❷의 양파를 냄비에 넣고 물을 부어
약한 불에서 20분 정도 뭉근하게 끓인 후
소금과 후춧가루로 간해 그릇에 담고
모차렐라슬라이스치즈를 올린다.

프렌치토스트

호밀빵 4장
버터(2×2×1cm) 2조각
설탕 1큰술

달걀물 재료
달걀 2개
우유 1/2컵
생크림 1/2컵
연유 1/4컵

1.
볼에 달걀물 재료를 넣어
골고루 섞은 후
호밀빵을 30분간 푹 담가놓는다.

2.
달군 팬에 버터를 두르고 ❶을 넣어
뚜껑을 덮은 후 약한 불에서
양면을 노릇하게 속까지 익힌다.
마지막에 설탕을 골고루 뿌린다.

모둠채소베이컨볶음밥

볶음밥은 갓 지은 밥보다는 찬밥으로 만들면 수분이 적어
고슬고슬하게 만들 수 있다. 취향에 따라 토마토케첩을 넣어 볶거나
달걀스크램블 혹은 달걀지단을 부쳐 올려 오믈렛 등으로 만들 수도 있다.

밥 2공기
양파 1/4개
주키니 1/5개
마늘 8쪽
베이컨 4줄
올리브유 4큰술
소금 약간
후춧가루 약간

1.

양파, 주키니, 마늘, 베이컨을
모두 잘게 다진다.

2.

달군 팬에 올리브유를 두르고
다진 채소와 베이컨을 넣어
골고루 볶는다.

3.

채소가 반 정도 익으면
밥을 넣고 골고루 볶은 후
소금과 후춧가루로 간한다.

SUMMER
시 원 한 여 름 날

스마트한 매일 밥상 + 점심 도시락

불 앞에 서서 요리하는 것은 물론
밥상을 차리는 것조차 힘이 들지만,
상큼하고 시원한 음식만큼은 반가운 여름의 문턱.
싱그러운 여름 채소들로 소박하고 간단하게 차리는 밥상과
도시락이 기운 없는 여름철 입맛을 돋워 줄 것이다.

SUMMER

스마트한 일주일 **식단**

	아침 밥상	점심 도시락(아점 밥상)	저녁 밥상
Sun		콩국수	제육볶음 양배추찜과 깻잎쌈 시금치된장국
Mon	김치콩비지	밑반찬 3종 감자밥	오징어볶음 ↻ 오이냉국
Tue	토마토주스	오징어덮밥 ↻ 오이간장절임	감자전 닭갈비 ↻
Wed	냉감자수프	닭갈비볶음밥 ↻ 된장고추무침	닭칼국수 ↻ 깻잎오이겉절이
Thu	닭죽 ↻	토마토케첩오믈렛 토마토샐러드	마파두부 ↻ 시금치간장나물
Fri	찐감자구이와 우유	마파두부덮밥 ↻ 꽈리고추볶음	오이깻잎간장국수
Sat		김치비빔국수	닭가슴살스테이크와 파프리카구이 냉토마토수프

↻ **사이클 메뉴**
넉넉히 만들어두었다가 약간의 품만 더하면
다음 날 아침이나 점심 식단으로 새롭게 변신이 가능한 메뉴입니다.

든든한 **밑반찬 3종**

깻잎찜

↳ 만들기 092쪽

감자고추장조림

↳ 만들기 092쪽

양배추피클

↳ 만들기 093쪽

스마트한
일주일치
맞춤 장보기

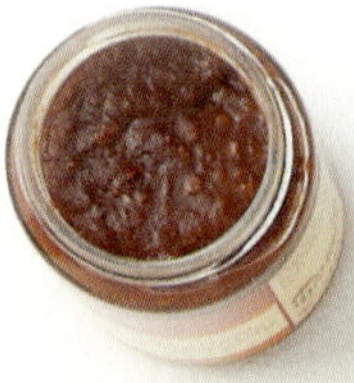

☐ **두반장** 6큰술

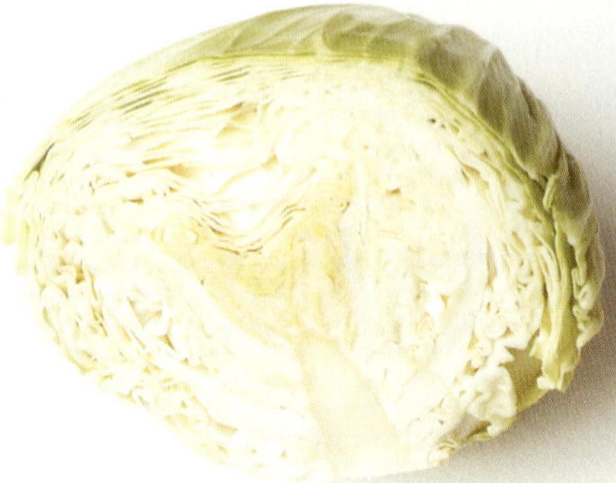

☐ **양배추** 1통

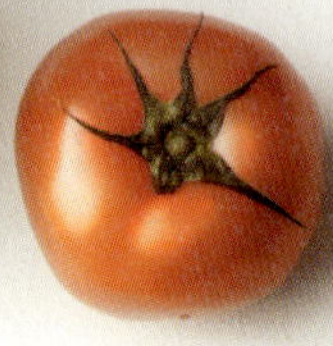

☐ **토마토** 7$\frac{1}{2}$개

☐ **꽈리고추** 35개
(약 150g)

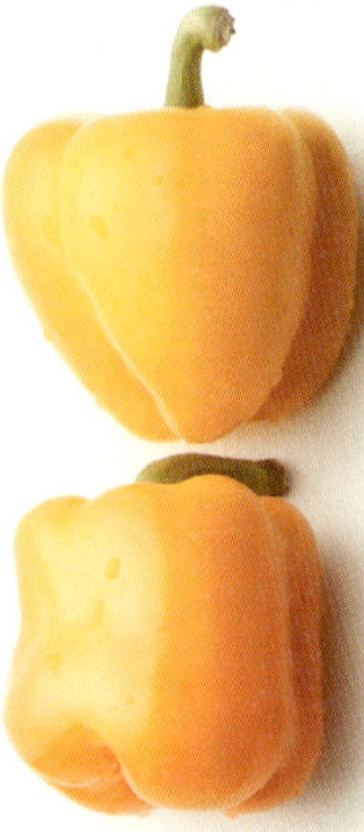

☐ **파프리카** 2개

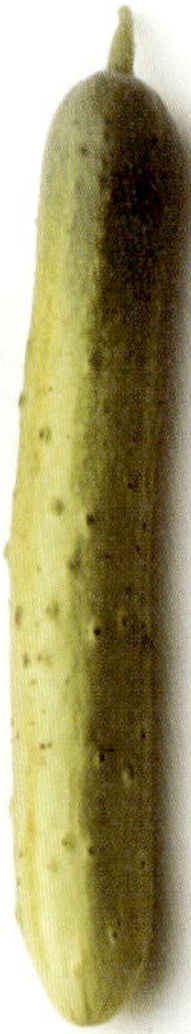

☐ **오이** 5개

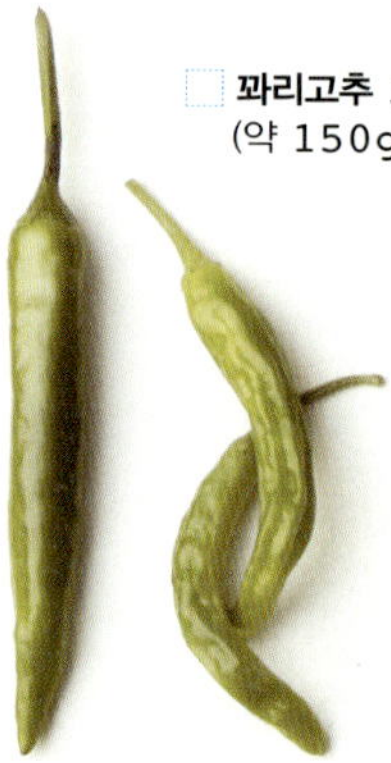

☐ **풋고추** 13$\frac{1}{2}$개

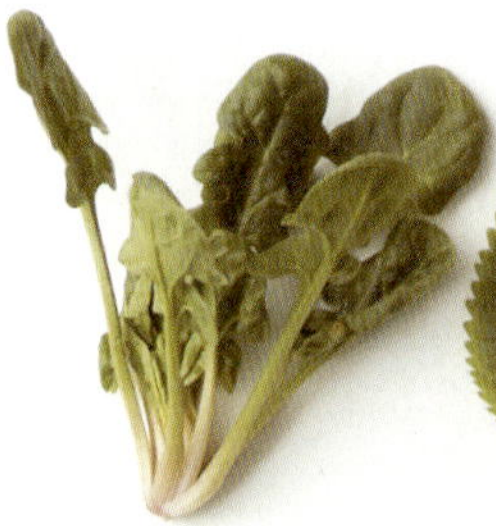

☐ **시금치** 24포기

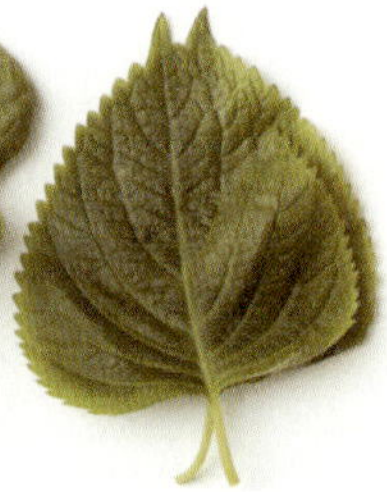

☐ **깻잎** 100장

☐ **달걀** 4개

☐ **오징어** 2마리

□ 콩국 2팩
□ 마늘 36쪽
□ 감자 16개
□ 양파 3¹/₂개
□ 우유 2컵
□ 발사믹식초 1큰술
□ 콩비지 1팩
□ 두부 1모
□ 콩국수면 4인분
□ 소면 4인분
□ 돼지고기 앞다리살 불고기용 500g
□ 닭가슴살 4쪽(500g)
□ 닭다리살 1팩(500g)

콩국수

콩국수는 시판 콩물을 활용하면 쉽게 만들 수 있다.
검은깨나 땅콩, 호두, 아몬드 등의 견과류를 곱게 갈아서
함께 넣으면 더 고소하게 먹을 수 있다.
냉동실에 넣어둔 인절미가 있다면 해동해서 곁들여도 좋다.

칼국수면 2인분
오이 $1/4$개
토마토 $1/2$개
통깨 약간

콩국물 재료
콩국 2팩
소금 약간
설탕 약간

1.
칼국수면은 끓는 물에 삶은 후 건져
찬물에 헹군다.

2.
오이는 곱게 채 썰고
토마토는 웨지 형태로 먹기 좋게 썬다.

3.
볼에 콩국을 붓고 소금, 설탕을 넣어 간한다.
그릇에 삶은 칼국수면을 담고
오이, 토마토를 올린 다음
콩국물을 붓고 통깨를 솔솔 뿌린다.

제육볶음 + 양배추찜과 깻잎쌈 + 시금치된장국

제육볶음은 처음부터 양념을 해서 익히면 다 익었는지 확인하기가 어렵고
불 조절을 잘못 하면 양념이 타서 익히기가 쉽지 않다.
고기와 단단한 재료를 반 이상 익힌 후 양념을 넣고 함께 볶으면 맛도 잘 배고 골고루 익힐 수 있다.
시금치된장국은 충분히 끓이면 시금치의 달큼한 맛이 우러나 맛이 좋다.

제육볶음은 처음부터 양념을 해서 익히면 다 익었는지 확인하기가 어렵고
불 조절을 잘못 하면 양념이 타서 익히기가 쉽지 않다.
고기와 단단한 재료를 반 이상 익힌 후 양념을 넣고 함께 볶으면 맛도 잘 배고 골고루 익힐 수 있다.
시금치된장국은 충분히 끓이면 시금치의 달콤한 맛이 우러나 맛이 좋다.

제육볶음

돼지고기 앞다리살(불고기용) 400g
양파 1/4개
양배추 1/12통
깻잎 4장
다진 마늘 1큰술
통깨 1큰술

양념 재료
고추장 2큰술
설탕 1큰술
조선간장 1작은술
고춧가루 1큰술

1.
돼지고기 앞다리살은 한 입 크기로 썰고
양파는 도톰하게 채 썬다.
양배추와 깻잎은 1cm 폭으로 채 썬다.

2.
달군 팬에 돼지고기 앞다리살과
양배추, 양파, 다진 마늘을 넣고 볶는다.

3.
❷의 채소가 반 이상 익으면
불을 줄이고 양념 재료를 넣어
약한 불에서 골고루 볶는다.

4.
간이 배어들면 깻잎과 통깨를 뿌린다.

양배추찜과 **깻잎쌈**

양배추 1/6통
깻잎 10장

1.
양배추는 가운데 줄기 부분을 제거한 후 깨끗이 씻고 깻잎도 깨끗이 씻는다.

2.
김이 오른 찜기에 양배추를 넣고 10분 정도 찐다. 깻잎도 쪄 먹고 싶다면 3분 정도 찐다.

시금치된장국

시금치 4포기

국물 재료
멸치 10마리
다시마(5×5cm) 1장
된장 2작은술
물 2컵

1.
시금치는 잎을 낱낱이 떼어 깨끗이 씻고 멸치는 머리와 내장을 제거한다. 다시마는 겉면을 닦는다.

2.
냄비에 물과 멸치, 다시마를 넣고 국물을 낸다.

3.
❷의 국물이 우러나면 건더기를 건지고 된장을 풀어 넣은 후 시금치를 넣어 5분 이상 끓인다.

김치┃**콩비지**

비지는 주로 끓여서 먹지만 생으로도 먹을 수 있다.
김치는 미리 많이 양념해서 보관해두면 비지는 물론
밥, 죽, 국수 등과 곁들이거나 반찬으로도 활용하기 좋다.

배추김치 3장
콩비지 1팩
풋고추 $1/2$개
통깨 1큰술
설탕 약간
참기름 약간

1.
김치와 풋고추는 송송 썰고
통깨는 간다.

2.
볼에 김치와 설탕, 참기름을 넣어
골고루 섞는다.

3.
콩비지에 ❷와 송송 썬 고추,
통깨 간 것을 넣고 골고루 섞는다.

밑반찬 3종 + 감자밥

감자를 넣고 밥을 할 때에는 평소보다 물의 양을 조금 줄인다.
감자조림은 취향에 따라 고추장, 된장, 간장으로 양념을 바꿀 수 있다.
처음부터 간을 하면 탈수 있으므로 감자가 반 이상 익었을 때 양념을 넣는다.
감자를 삶을 때 물을 넉넉히 넣는 것보다 감자가 다 익었을 때 물이 거의 없어질 정도로 넣고
익혀야 맛이 좋다. **양배추피클**은 파스타 뿐 아니라 밥반찬으로도 함께 먹을 수 있는데
매운맛을 좋아하면 마른 고추를 함께 넣자. 보라색 양배추로 만들면 색도 더 고와진다.

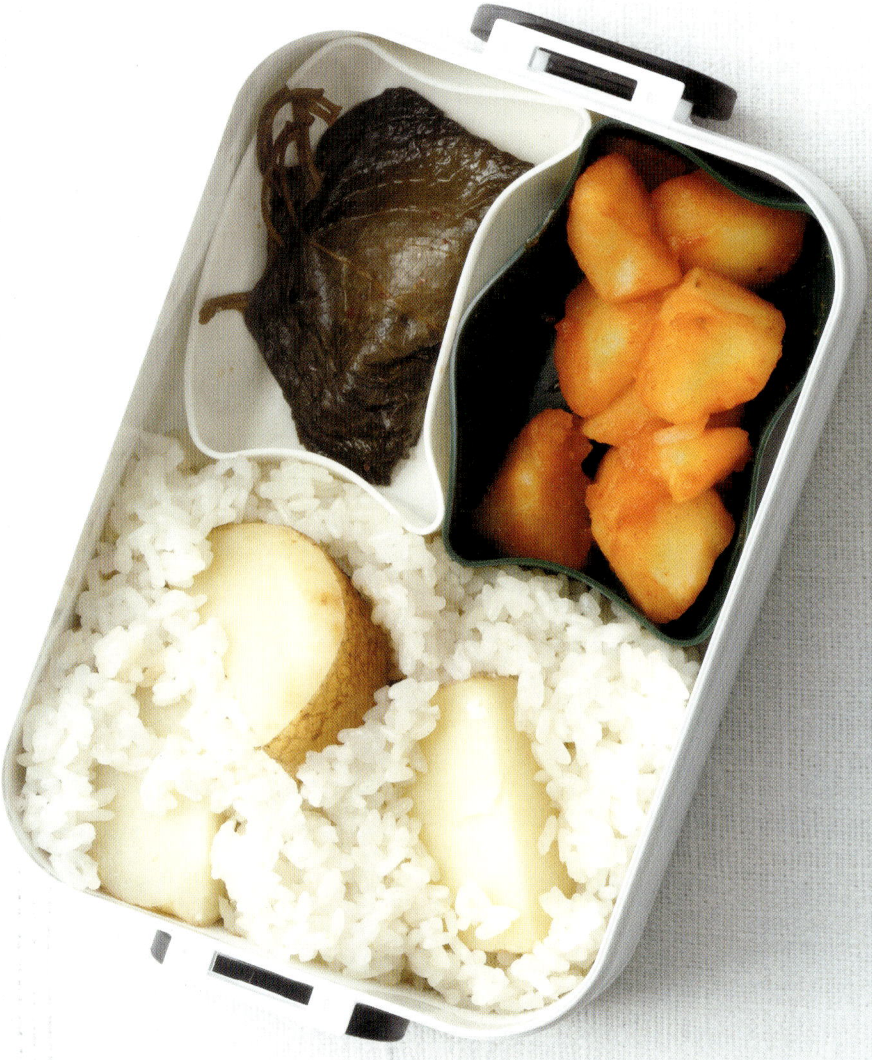

깻잎찜

깻잎 50장

양념 재료
조선간장 8큰술
설탕 2큰술
고춧가루 2큰술
통깨 2큰술

1.
볼에 양념 재료를 넣어 골고루 섞는다.

2.
깨끗이 씻은 깻잎을 켜켜이 포개면서 사이사이에 ❶의 양념을 끼얹는다.

3.
약간 오목한 그릇에 ❷를 담은 후 김이 오른 찜기에 넣고 40분간 푹 찐다.

감자고추장조림

감자 8개
물 4컵

조림장 재료
고추장 2큰술
조선간장 4큰술
설탕 6큰술

1.
감자는 깍둑 썬다.

2.
냄비에 감자와 물을 넣고 끓인다.

3.
감자가 반 정도 익으면 조림장 재료를 넣어 골고루 섞은 후 맛이 배도록 졸인다.

양배추피클

양배추 1/3통
고추 4개

피클국물 재료
식초 3컵
설탕 1¹/₂컵
소금 3작은술
물 4컵

1.
냄비에 피클국물 재료
를 모두 넣고 끓인다.

2.
양배추는 먹기 좋은 크
기로 깍둑 썰어 씻은
후 물기를 뺀다. 고추
는 이쑤시개로 구멍을
뚫는다.

3.
밀폐용기에 손질한 양
배추와 고추를 담고 ❶
의 피클국물을 부어 30
분 정도 후에 먹거나 냉
장고에서 3일 정도 숙
성한다.

감자밥

불린 쌀 1컵
감자 2개
소금 약간
물 1컵

1.
감자는 껍질째 깨끗이
씻어 큼직하게 4등분
한다.

2.
뚝배기에 불린 쌀을 넣
고 감자를 올린 다음 소
금을 약간 넣고 물을 부
어 밥을 짓는다.

오징어볶음 + 오이냉국

오징어볶음은 오랫동안 익히면 질겨지기 때문에 오징어 색이 불투명해지면 금방 불을 끄는 것이 좋다. 단단한 채소를 먼저 볶고 나중에 오징어를 넣을 것.

오이냉국은 시간이 흐르면서 채소에서 수분이 빠져나오고 얼음까지 넣으면 국물 맛이 흐려지기 때문에 처음에 간을 세게 한다.

오징어볶음

오징어 2마리
양파 1개
양배추 1/8통
깻잎 2장
마늘 8쪽
통깨 1작은술
볶음용 기름 적당량

양념 재료
조선간장 4큰술
설탕 2큰술
고춧가루 2큰술

1.
오징어 몸통은 1×5cm 크기로 썰고
다리는 5cm 길이로 썬다.

2.
양파는 도톰하게 채 썰고
양배추와 깻잎은 0.5cm 폭으로 썬다.
마늘은 저며 썬다.

3.
기름을 두른 달군 팬에
양파, 양배추, 마늘을 넣어 볶다가
반 정도 익으면 손질한 오징어와
양념 재료를 넣고 함께 볶는다.

오징어볶음을 넉넉하게 만들어
남았다면 다음 날 오징어덮밥 메뉴로
활용해도 좋습니다.

4.
양념이 배어들면 깻잎, 통깨를 넣어
골고루 섞으면서 살짝만 더 볶는다.

오이냉국

오이 1개
양파 1/8개
통깨 1작은술
얼음 2컵

국물 재료
다시마(5×5cm) 2장
식초 8큰술
설탕 2큰술
소금 1작은술
물 2컵

1.
냄비에 물과 다시마를 넣어
10분 정도 끓이다가
다시마는 건져내고
식초, 설탕, 소금을 넣어 간한다.

2.
오이는 길이로 반 갈라
얇고 어슷하게 썰고
양파는 얇게 채 썬다.

3.
볼에 ❶과 ❷를 담아
골고루 섞은 후 10분간 재운다.

4.
❸에 얼음을 넣고 섞은 후
통깨를 뿌린다.

토마토주스

토마토 3개
소금 약간

1.

토마토는 십자로 살짝 칼집을 낸 후
끓는 물에 넣고 껍질이 조금 벗겨지면
꺼내 찬물에 식힌 다음 껍질을 벗긴다.

2.

❶의 토마토를 깍둑 썰어
냉동실에 넣고 얼린다.

3.

믹서에 얼린 토마토와 소금을 넣고
곱게 간다.

➕
**잘 갈리지 않을 때는
물을 조금 부어서 갈아주세요.**

토마토는 껍질을 벗겨 썰어 냉동실에 넣어두면 얼음을 더하지 않고도 바로 시원하게 주스를 만들어 먹을 수 있다. 얼린 토마토는 해동해서 파스타, 수프, 스튜 같은 요리에도 활용할 수 있다.

오징어덮밥 + 오이간장절임

전날 만든 **오징어볶음**은 채소에서 수분이 빠져나와 묽어진다.
녹말물을 더하면 양념의 농도가 걸쭉해져 덮밥으로 즐길 수 있다.
오이간장절임은 피클 대신 빠르게 만들어 먹을 수 있는 반찬이다.
도시락을 싸서 가는 동안에 간이 더 배어 맛이 좋아진다.

오징어덮밥

밥 2공기
오징어볶음 2인분
↳096쪽 참고
깻잎 4장
녹말물 2큰술
(녹말가루 2큰술+물 2큰술)
통깨 약간

양념 재료
고추장 $1^1/_2$큰술
설탕 1큰술
물 1컵

1.
깻잎은 돌돌 말아
0.5cm 폭으로 채 썬다.

2.
냄비에 오징어볶음과
양념 재료를 넣어 끓인다.

3.
❷가 끓기 시작하면
녹말물을 풀어 걸쭉하게 끓인다.
그릇에 밥을 담고 덮밥소스를 끼얹은 후
채 썬 깻잎과 통깨를 뿌린다.

오이간장절임

오이 2개

절임국물 재료
조선간장 4큰술
설탕 2큰술
식초 4큰술

1.
볼에 절임국물 재료를 넣어
골고루 섞는다.

2.
오이는 깨끗이 씻은 후
길이로 반 갈라 1cm 폭으로 썬다.

3.
❶에 오이를 넣고 골고루 섞는다.

감자전 + 닭갈비

감자를 갈기만 하면 쉽게 만들 수 있는 **감자전**은 고추를 넣으면 칼칼한 맛도 함께 즐길 수 있다.
닭갈비는 매운맛을 좋아하면 고춧가루와 고추장을 조금씩 더해도 좋다.
냉동실에 떡이나 당면이 있으면 함께 넣어 볶으면 더 맛있다.

감자전

감자 2개
풋고추 1개
소금 약간
기름 적당량

초간장 재료
조선간장 1큰술
식초 $1/2$큰술
통깨 약간

1.
감자는 껍질을 벗기고
강판에 곱게 간 후 소금으로 간한다.

2.
풋고추는 송송 썬다.

3.
기름을 두른 달군 팬에
❶의 감자를 한 국자 떠 넣고 얇게 펼친 후
송송 썬 고추를 올리고 바삭하게 부친다.

4.
초간장을 만들어 전과 곁들인다.

닭갈비 

닭다리살 1팩
감자 2개
양배추 1/8통
양파 1/2개
깻잎 4장
통깨 1큰술
기름 적당량

양념 재료
조선간장 4큰술
설탕 2큰술
다진 마늘 1큰술
물 1컵

1.
닭다리살은 한 입 크기로 썬다.

2.
감자는 납작하게 4등분하고
양배추, 양파, 깻잎은
먹기 좋은 크기로 도톰하게 썬다.

3.
기름을 두른 달군 팬에 닭다리살과
감자, 양배추, 양파를 넣고 볶아
반 이상 익으면 약한 불에서
양념 재료를 넣고 골고루 섞어 볶는다.

닭갈비를 넉넉히 만들어 남았다면
다음 날 닭갈비볶음밥으로
응용해 즐기세요.

4.
양념이 배어들면 깻잎을 올리고
통깨를 뿌린다.

냉감자수프

감자수프는 전날 미리 만들었다가 냉장고에 넣어두면 아침에 쉽게 마실 수 있다.
후춧가루나 다진 고추를 더하면 맛이 더 깔끔해진다.

감자 2개
우유 2컵
소금 약간

1.

감자를 듬성듬성 썰어
냄비에 물과 함께 넣고 삶는다.

2.

감자가 익으면 건져
믹서에 우유와 함께 넣고 곱게 간다.

3.

❷를 냄비에 붓고 한소끔 끓인 후
소금으로 간하고 어느 정도 식으면
냉장고에 넣어 차갑게 식힌다.

닭갈비볶음밥 + 된장고추무침

닭갈비 같은 볶음 요리는 꼭 건더기와 양념이 조금씩 남기 마련이다.
닭갈비 음식점에서처럼 볶음밥으로 활용한다.
고추만 잘라서 된장에 버무린 **된장고추무침**은 도시락으로 가져가는 동안
맛도 잘 배는데 된장 대신 쌈장에 버무려도 좋다.

닭갈비 볶음밥

밥 2공기
닭갈비 1인분
↳ 107쪽 참고
배추김치 2장
참기름 2큰술
김가루 4큰술
통깨 약간

1.
김치는 곱게 다진다.

2.
달군 팬에 다진 김치와
닭갈비, 밥, 참기름을 넣고 볶는다.

3.
❷에 김가루와 통깨를 뿌린다.

된장고추무침

풋고추 4개
된장 2큰술
참기름 1작은술

1.
풋고추는 1cm 폭으로 송송 썬다.

2.
된장과 참기름을 골고루 섞은 후
❶과 함께 버무린다.

Wed
저녁 밥상

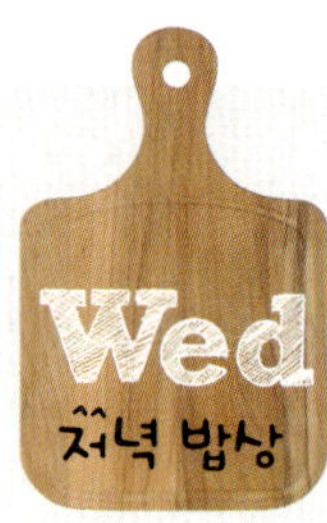

닭칼국수 + **깻잎**오이겉절이

손질하기 어려운 통닭 대신 잘 발라진 닭가슴살을 활용하면
기름기 없이 건강한 **닭칼국수**를 먹을 수 있다.
삼계탕 역시 통닭 대신 닭가슴살만 넣고 푹 끓인 후
찹쌀밥을 넣어 끓이면 담백한 삼계탕을 만들 수 있다.
겉절이는 미리 만들어두는 것보다 먹기 직전에 버무리는 것이 좋다.

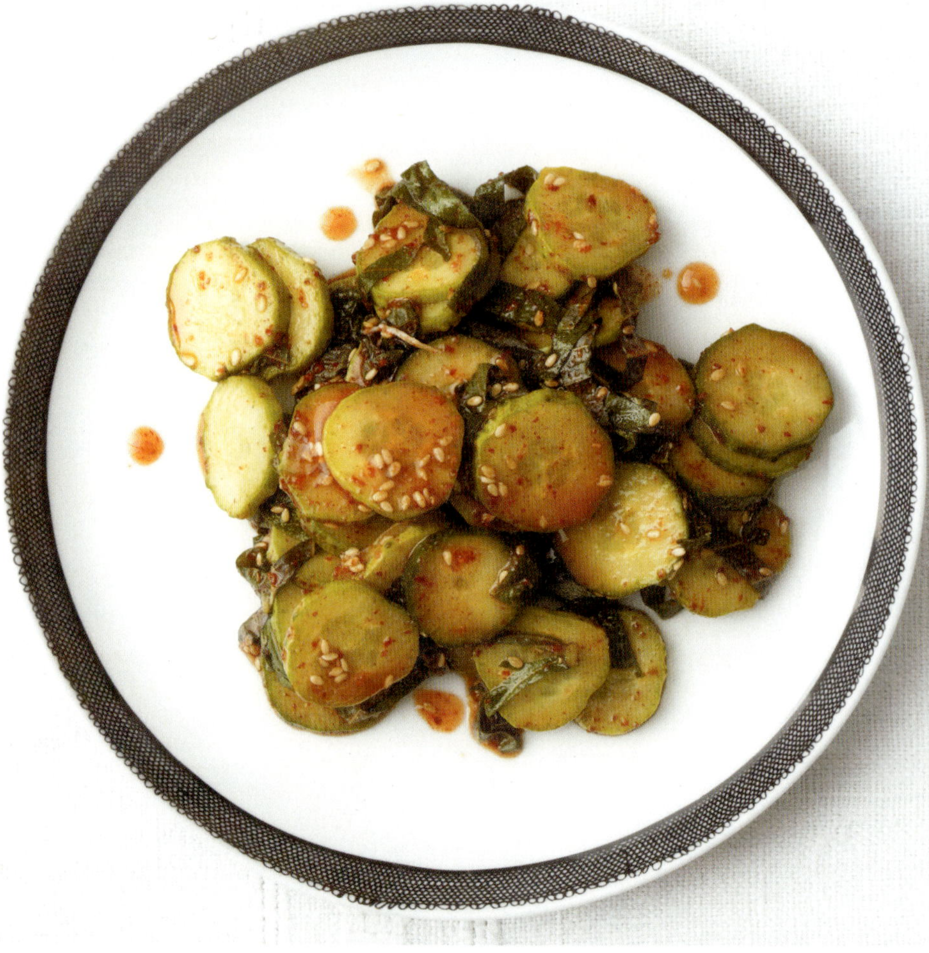

닭칼국수

1.
양파는 굵게 채 썬 다음
닭가슴살, 마늘, 물과 함께
냄비에 넣어 푹 끓인다.

2.
닭가슴살이 익으면 건져내
가늘게 찢는다.

3.
❶의 육수에 칼국수면을 넣고 끓여
면이 익으면 ❷를 넣고
소금, 후춧가루로 간한다.

닭칼국수 국물을 넉넉히 만들어
남겨두면 다음 날 밥을 더해
닭죽으로 활용할 수 있습니다.

4.
양념장 재료의 양파와 풋고추를
잘게 다진 후 나머지 양념장 재료와
골고루 섞어 칼국수에 곁들인다.

깻잎오이겉절이

깻잎 4장
오이 1개

양념 재료
조선간장 2큰술
식초 2큰술
설탕 1큰술
고춧가루 1작은술
통깨 1작은술

1.

깻잎은 채 썰고
오이는 둥근 모양을 살려
0.3cm 폭으로 썬다.

2.

양념 재료를 골고루 섞어
깻잎, 오이와 함께 버무린다.

닭죽

칼국수를 만들어 먹고 남은 국물로 죽을 만든다.
찹쌀로 지은 밥이 있다면 더 부드러운 죽을 즐길 수 있다.

밥 1컵
닭칼국수국물 2컵
↳116쪽 참고
김가루 1큰술
깻가루 1큰술
물 1컵

1.
냄비에 물과 밥을 넣어 끓인다.

2.
❶의 밥이 살짝 퍼지면
닭칼국수국물을 부어 끓인다.

3.
❷의 밥이 완전히 퍼지고
국물이 자작해지면
김가루와 깻가루를 곁들인다.

토마토케첩오믈렛 + 토마토샐러드

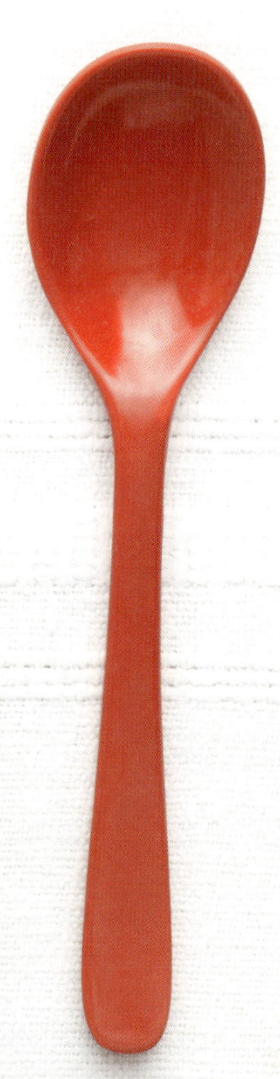

냉장고에 있는 자투리 재료들로 만들면 좋은 볶음밥은
달걀 부침 대신 지단 하나만 잘 부쳐도 **오믈렛**으로 완성된다.
취향에 따라 지단을 반 정도만 익히면 일본식의 부드러운 오믈렛이 된다.
지단은 기름기를 닦아낸 팬을 약한 불에 올리고 달걀물을 펼쳐 넣어
반 이상 익었을 때 젓가락을 길게 넣어 뒤집으면 쉽게 만들 수 있다.
지단 만들기가 어렵다면 젓가락으로 휘휘젓는 달걀스크램블로 대신해도 좋다.
보통 채소샐러드는 도시락으로 가져가면 채소 색이 변하거나 숨이 죽는다.
토마토는 그럴 염려가 적고 시간이 지날수록 간이 잘 배어 더 맛있다.

토마토케첩오믈렛

밥 2공기
양파 1/2개
양배추 1/12통
깻잎 4장
다진 마늘 1작은술
토마토케첩 4큰술
달걀 4개
소금 약간
후춧가루 약간
식용유 2큰술

1.
모든 채소를 잘게 다진다.

2.
달군 팬에 식용유 1큰술을 두르고
다진 마늘과 양파, 양배추를 넣어
볶는다.

3.
❷의 채소가 익으면 밥과
깻잎, 토마토케첩, 소금, 후춧가루를 넣고
골고루 섞으며 볶는다.

4.
달걀을 풀어 지단을 부친 후
❸의 볶은 밥을 올리고 감싸듯 만다.

토마토샐러드

토마토 2개

소스 재료
발사믹식초 1큰술
올리브유 2큰술
후춧가루 약간

1.

토마토는 한 입 크기로 깍둑 썬다.

2.

볼에 소스 재료와 토마토를 넣어
골고루 버무린다.

마파두부에 다진 돼지고기를 넣어도 되지만 불고깃감을 듬성듬성 썰어 넣으면 씹히는 맛이 더 좋다.
두반장이 없다면 고추장을 넣어 응용해도 되며, 풋고추와 붉은 고추를 다져 넣어도 좋다.
식용유 대신 고추기름을 넣으면 맛이 더 칼칼해지는데
고추기름이 없다면 고춧가루와 기름을 넣고 함께 볶으면 매운맛이 난다.

Thu
저녁 밥상
마파두부 + 시금치간장나물

마파두부

두부 1모
돼지고기 앞다리살 100g
풋고추 3개
양파 1개
두반장 4큰술
식용유 약간

1.

두부는 1×1cm 크기로 깍둑 썰고
풋고추와 양파는 굵게 다진다.

2.

돼지고기 앞다리살은 굵게 다진다.

3.

팬에 식용유를 넣고 달군 후
돼지고기, 풋고추, 양파를 넣고 볶는다.

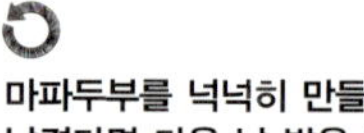

마파두부를 넉넉히 만들어
남겼다면 다음 날 밥을 더해
마파두부덮밥으로 즐길 수 있습니다.

4.

❸이 모두 익으면 두반장과 두부를
넣고 가볍게 섞듯이 볶는다.

시금치간장나물

시금치 20포기

양념 재료
조선간장 1큰술
참기름 1큰술
통깨 약간

1.
시금치는 잎을 낱낱이 떼어
깨끗이 씻는다.

2.
손질한 시금치를 끓는 물에 데친 후
찬물에 헹궈 물기를 짠다.

3.
양념 재료를 골고루 섞고
데친 시금치와 버무린다.

찐감자구이

감자는 미리 쪄두었다가 아침에 달군 팬에 굽기만 하면 된다.
너무 큰 감자는 적당한 크기로 썰어서 찐 후에 굽는다.

감자 3개
설탕 1큰술
기름 약간

1.

감자는 껍질을 벗기고
김이 오른 찜기에 넣어 15~20분간 찐다.

2.

기름을 두른 달군 팬에
찐 감자를 넣어
겉면이 노릇해지도록 굽는다.

3.

구운 감자에 설탕을 뿌린다.

love

마파두부덮밥 + 꽈리고추볶음

덮밥용 **마파두부소스**는 물을 더해 만들므로 두반장을 넣어 간을 더하고
녹말물도 풀어 넣어 농도를 더한다. **꽈리고추볶음**은 반찬으로 함께 먹어도 좋지만
밥 위에 얹으면 보기에도 좋고 씹는 느낌도 잘 어우러진다.

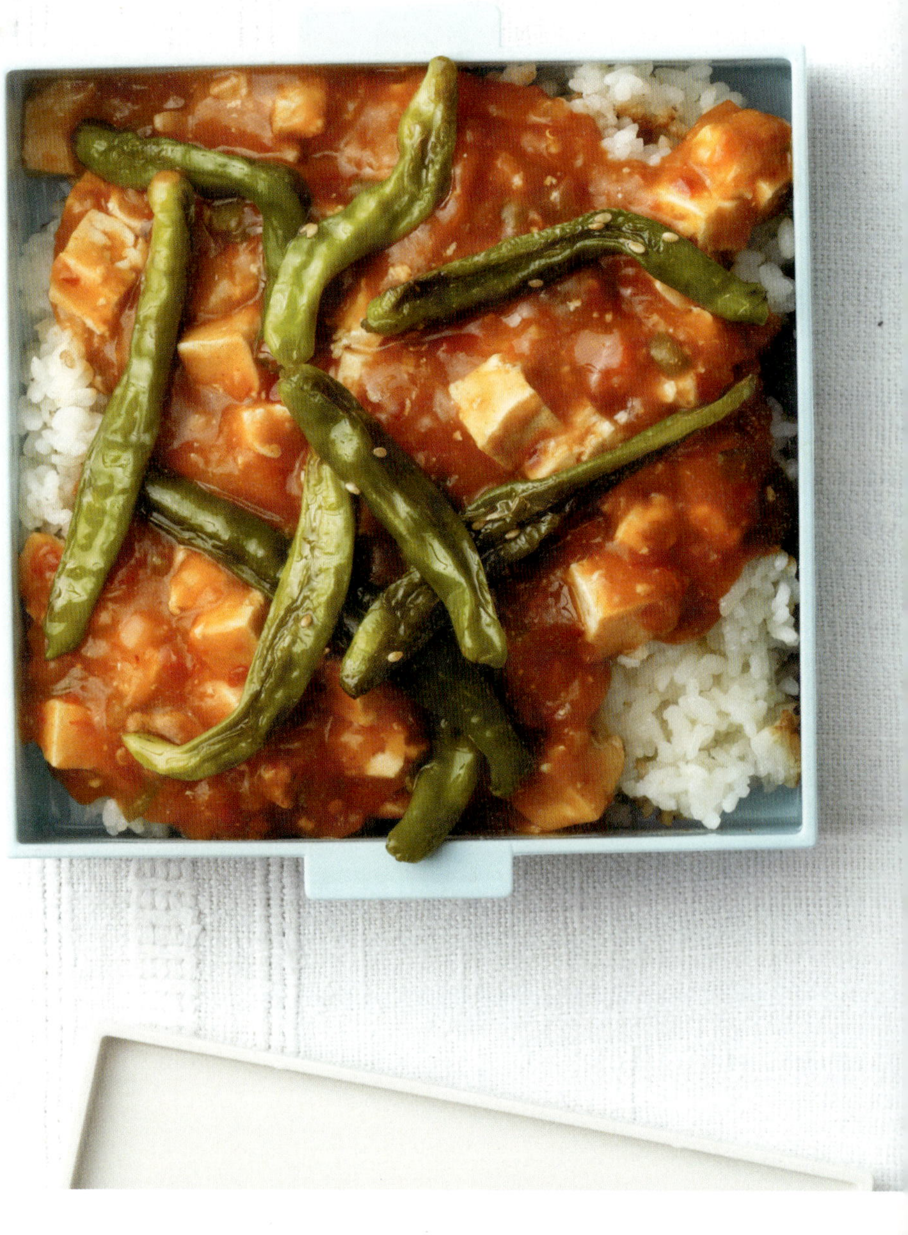

마파두부덮밥

밥 2공기
마파두부 2인분
↳126쪽 참고
두반장 2큰술
녹말물 2큰술
(녹말가루 2큰술+물 2큰술)
물 1컵

1.
팬에 물을 붓고 끓으면
마파두부와 두반장을 넣어 끓인다.

2.
❶에 녹말물을 풀어 넣고
걸쭉하게 끓여 밥과 곁들인다.

꽈리고추볶음

꽈리고추 1봉
식용유 약간

양념 재료
조선간장 1큰술
참기름 1큰술
설탕 1작은술
통깨 1작은술

1.
꽈리고추는 깨끗이 씻어 꼭지를 뗀다.

2.
식용유를 두른 달군 팬에
꽈리고추를 넣어 볶는다.

3.
꽈리고추가 살짝 익으면
양념 재료를 넣어 골고루 섞고
맛이 배어들도록 조린다.

더운 여름 밥하기 귀찮을 때 국수 한 그릇 말아 먹으면 간편하다.
간장, 참기름만으로 양념해도 맛있지만
냉장고에 있는 채소들을 함께 넣으면 아삭하게 씹히는 맛이 더해져 좋다.
간장 대신 고추장, 설탕, 식초로 양념을 만들어도 맛있다.

오이깻잎간장국수

소면 2인분
양배추 $1/12$통
깻잎 3장
오이 $1/4$개
소금 1큰술

양념 재료
조선간장 3큰술
참기름 2큰술
통깨 2큰술

1.
채소는 모두 곱게 채 썬다.

2.
끓는 물에 소금을 넣고 소면을 넣은 후
찬물을 2~3번 넣어가며 4분 정도 삶는다.

3.
삶은 소면을 찬물에 헹궈 물기를 꼭 뺀다.

4.
양념 재료를 골고루 섞은 후
채 썬 채소와 삶은 소면을 버무린다.

김치비빔국수

냉장고에 있는 재료만으로 만들 수 있는 간단한 아점 메뉴다.
소면 대신 중면을 활용하면 씹히는 맛이 더욱 좋다.
소면은 삶을 때 소금을 넣으면 면에 맛이 배어 양념과 간이 잘 맞는다.
삶은 다음에는 찬물에 충분히 헹궈야 쫄깃하게 맛있다.

소면 2인분
배추김치 1/4포기
오이 1/2개
깻잎 4장
소금 1큰술

양념 재료
고추장 4큰술
설탕 3큰술
식초 3큰술
통깨 1큰술

1.
김치는 송송 썰고 오이와 깻잎은 채 썬다.

2.
양념 재료를 골고루 섞어
송송 썬 김치, 채 썬 오이, 깻잎과
버무린다.

3.
끓는 물에 소금을 넣고 소면을 넣어
찬물을 2~3번 넣어가며 4분 정도 삶는다.
삶은 소면을 찬물에 헹궈 물기를 뺀 다음
그릇에 담고 ❷의 양념을 넣어 버무린다.

닭가슴살스테이크와 **파프리카**구이
+ **냉토마토**수프

그릴 팬은 별것 아닌 요리도 별미로 만들어주는 훌륭한 조리 기구다.
충분히 달군 후에 닭가슴살과 파프리카를 올리고
완벽하게 익힌 다음에 뒤집어야 그릴 자국도 확실하게 나며 들러붙지 않는다.
물을 살짝 뿌리고 뚜껑을 덮어서 익히면 더 빨리 익는다.
단단한 채소는 밑간을 해서 구우면 맛이 좋다.
소금과 후춧가루 약간, 올리브유를 뿌려 구우면 되는데
취향에 따라 다진 마늘, 고춧가루, 허브가루 등을 더해도 좋다.

닭가슴살 스테이크와 파프리카구이

닭가슴살 2쪽
노란 파프리카·주황 파프리카 1개씩
마늘 20쪽
올리브유 1큰술
소금 약간
후춧가루 약간

1.

닭가슴살은 올리브유, 소금, 후춧가루로
밑간한다.

2.

파프리카는 4등분해
꼭지와 씨를 제거한다.

3.

그릴 팬을 달구고 닭가슴살과
파프리카, 마늘을 올린 후 양면을 뒤집으며
그릴 자국이 나도록 굽는다.

냉토마토수프

토마토 2개
양파 $1/8$개
깻잎 1장
올리브유 2큰술
소금 약간
후춧가루 약간

1.
토마토와 양파는 굵직하게 썰어
믹서에 넣고 곱게 간다.

2.
❶에 소금, 후춧가루를 넣어 간한다.

3.
❷에 올리브유를 뿌리고
곱게 채 썬 깻잎을 올린다.

AUTUMN
볕 좋은 가을날

청명한 하늘에, 선선한 바람과 따뜻한 햇볕 아래
곡식과 과실이 풍성하게 익어가는 가을.
입맛 당기는 천고마비의 계절인 만큼
뭘 먹어도 맛있을 때지만, 환절기와 다가올 겨울을 대비해
면역력을 키워 줄 식품을 섭취하는 것 또한 중요하다.

AUTUMN
스마트한 일주일 **식단**

	아침 밥상	점심 도시락(아점 밥상)	저녁 밥상
Sun		비빔당면	낙지볶음 ↻ 대하구이 브로콜리참기름장
Mon	낙지볶음비빔밥 ↻	밑반찬 3종 ↻ 고구마밥	모둠버섯불고기 ↻ 양념김치
Tue	모둠버섯불고기잡채덮밥 ↻	버섯하이라이스 팽이버섯맑은된장국	팽이버섯달걀부침 참타리버섯나물 파볶음
Wed	군고구마와 우유	달걀덮밥 브로콜리줄기절임	마른표고고추장찌개 양파달걀고구마샐러드 ↻
Thu	모닝롤샌드위치 ↻	데리야키덮밥	파생채 불고기전골 ↻
Fri	불고기전골죽 ↻	브로콜리된장샐러드 밑반찬비빔밥 ↻	어린잎채소브루스케타 버섯새우마늘파스타
Sat		김간장양념쌈 고구마당근파된장조림	하이라이스볶음밥

↻ **사이클 메뉴**
넉넉히 만들어두었다가 약간의 품만 더하면
다음 날 아침이나 점심 식단으로 새롭게 변신이 가능한 메뉴입니다.

든든한 **밑반찬 3종**

마른표고간장장아찌
↘만들기 158쪽

오징어채고추장무침
↘만들기 158쪽

김양념장무침
↘만들기 159쪽

스마트한 일주일치 맞춤 장보기

☐ **양파** 4$\frac{1}{2}$개

☐ **고구마** 9개

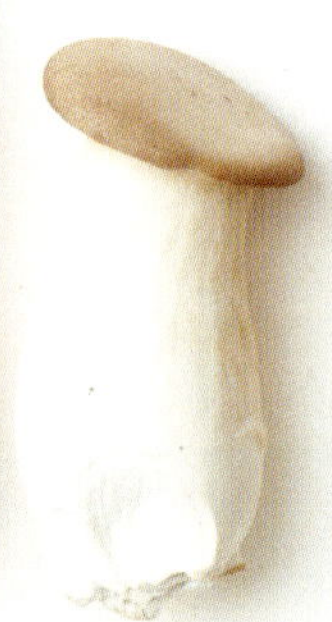

☐ **브로콜리** 1개

☐ **당근** 2개

☐ **새송이버섯** 6개 (2봉)

☐ **참타리버섯** 2팩(200g)
➜ 느타리버섯으로 대체 가능

☐ **팽이버섯** 1봉

☐ **낙지** 3마리
➜ 오징어로 대체 가능

☐ **대하** 30마리

☐ **소고기**(불고기용) 700g

김 19장
일본된장 2¹/₂큰술
하이라이스가루 1팩(100g)
➔ 커리가루로 대체 가능
마늘 12쪽
달걀 12개
모닝빵 6개
스파게티 2줌(2인분)
당면 5줌(5인분)
마른 표고버섯 1봉(70g)
오징어채 1봉(150g)
어린잎채소 1팩(80g)
대파 7대

비빔당면

부산의 명물 음식, 비빔당면을 집에서 만들어보자.
멸칫가루는 국물용 멸치를 머리와 내장을 제거하고 볶은 후 믹서에 갈아 만들면 된다.
갈아두면 국물을 낼 때도 빨리 낼 수 있어 요긴하다.

당면 2줌
어린잎채소 2줌
당근 1/4개
양파 1/4개

양념 재료
멸칫가루 2작은술
고춧가루 2작은술
조선간장 3큰술
설탕 2작은술
통깨 1큰술
물 2큰술

1.
당면은 끓는 물에 넣어 7분간 삶은 후
찬물에 헹궈 물기를 뺀다.

2.
어린잎채소는 깨끗이 씻어
체를 받쳐 물기를 빼고,
당근과 양파는 채 썬다.

3.
볼에 양념 재료를 넣어 골고루 섞은 후
손질한 당면, 어린잎채소를 넣어 버무린다.

낙지볶음 + 대하구이 + 브로콜리참기름장

낙지는 오랫동안 볶으면 질겨지므로 강한 불에서 단시간에 익힐 것.
색이 불투명해지면 다 익은 것이므로 재빨리 불을 끈다.
낙지볶음은 물이 생기므로 양념이 좀 뻑뻑해도 된다.
또는 낙지를 끓는 물에 넣어 먼저 데친 후 따로 넣어도 된다.
대하구이는 여러 번 뒤집어 굽지 않고 색이 빨갛게 변하면 한 번만 뒤집고
뚜껑을 덮어 익히면 더 맛있게 익힐 수 있다.

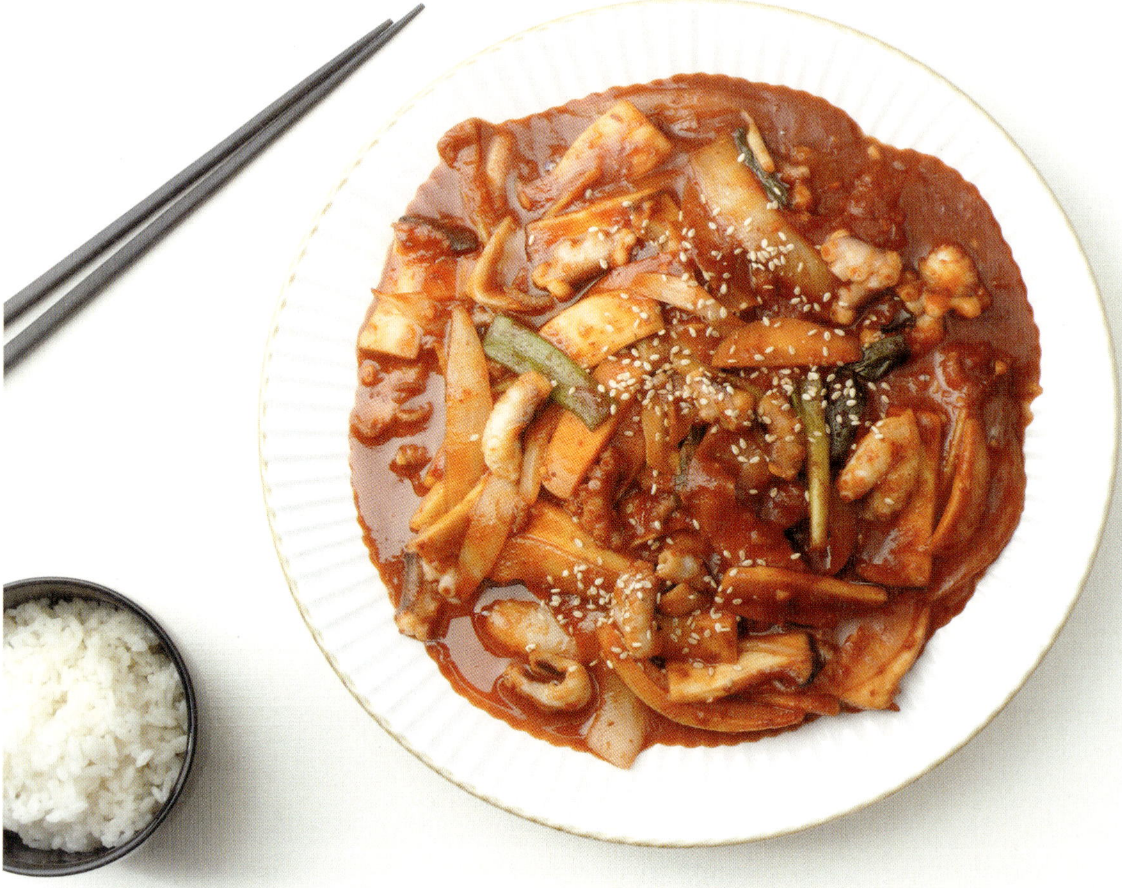

낙지볶음

낙지 3마리
대파 1대
양파 1개
새송이버섯 1개
당근 $1/4$개
부침용 기름 약간

양념 재료
고추장 2큰술
고춧가루 2큰술
설탕 1큰술
다진 마늘 2큰술

1.
낙지는 밀가루로 문질러 씻은 후
한 입 크기로 썬다.

2.
파는 길이로 반 가른 후 4cm 길이로 썰고
양파는 도톰하게 채 썬다.
새송이버섯은 십자 모양으로
길게 가른 후 도톰하게 저며 썰고
당근은 길이로 반 갈라 도톰하고
어슷하게 저며 썬다.

3.
볼에 양념 재료를 넣어 골고루 섞는다.

낙지볶음을 넉넉히 만들어 남겼다면
다음 날 낙지덮밥이나
낙지볶음비빔밥,
낙지비빔소면을 만들면 좋습니다.

4.
달군 팬에 기름을 두른 후
❷의 채소와 버섯을 넣어 볶다가
반 이상 익으면 낙지와 양념장을 넣고
재빨리 볶는다.

대하구이

대하 20마리

1.
달군 팬에 종이포일을
올린 후 새우를 올린다.

2.
양면을 뒤집이가면서
노릇하게 굽는다.

브로콜리참기름장

브로콜리 1/4개
참기름 2큰술
꽃소금 2작은술

1.
브로콜리는 한 입 크기
로 썬다.

2.
끓는 물에 브로콜리를
넣어 데친 후 찬물에 헹
궈 물기를 뺀다.

3.
참기름과 꽃소금을 섞어
브로콜리와 곁들인다.

낙지볶음비빔밥 

낙지볶음은 시간이 지나면 물이 생겨서 묽어지기 때문에
밥은 고슬고슬하게 짓는 것이 좋다.
파를 송송 썰어서 함께 넣어 볶으면 맛이 더 깔끔해진다.

밥 2공기
낙지볶음 1컵분
152쪽 참고
김 1장
통깨 약간

1.
김을 잘게 부순다.

2.
달군 팬에 낙지볶음과 밥, 통깨,
김가루를 넣고 골고루 섞으며 데운다.

밑반찬 3종 + **고구마**밥

마른 표고버섯은 냉동실에 넣어두었다가 국물을 낼 때 사용하면 좋다.
한 번에 많은 양을 사기 마련인데 쟁여 두지만 말고 장아찌로 만들자.
오래 두고 먹기 좋고 쫄깃한 식감과 향 덕분에 입맛을 돋우기에도 좋다.
오징어채무침은 물에 살짝 담가두었다가 조리하면 부드러워져서 먹기 좋다.
김은 양이 많아 보여도 금방 줄어드는 반찬으로 짭짤하고 달달한 맛이 맨밥과 먹기에 좋다.
가스 불에 그냥 구우면 타기 쉽기 때문에 달군 팬 위에 여러 장씩 겹쳐 올려 굽는다.

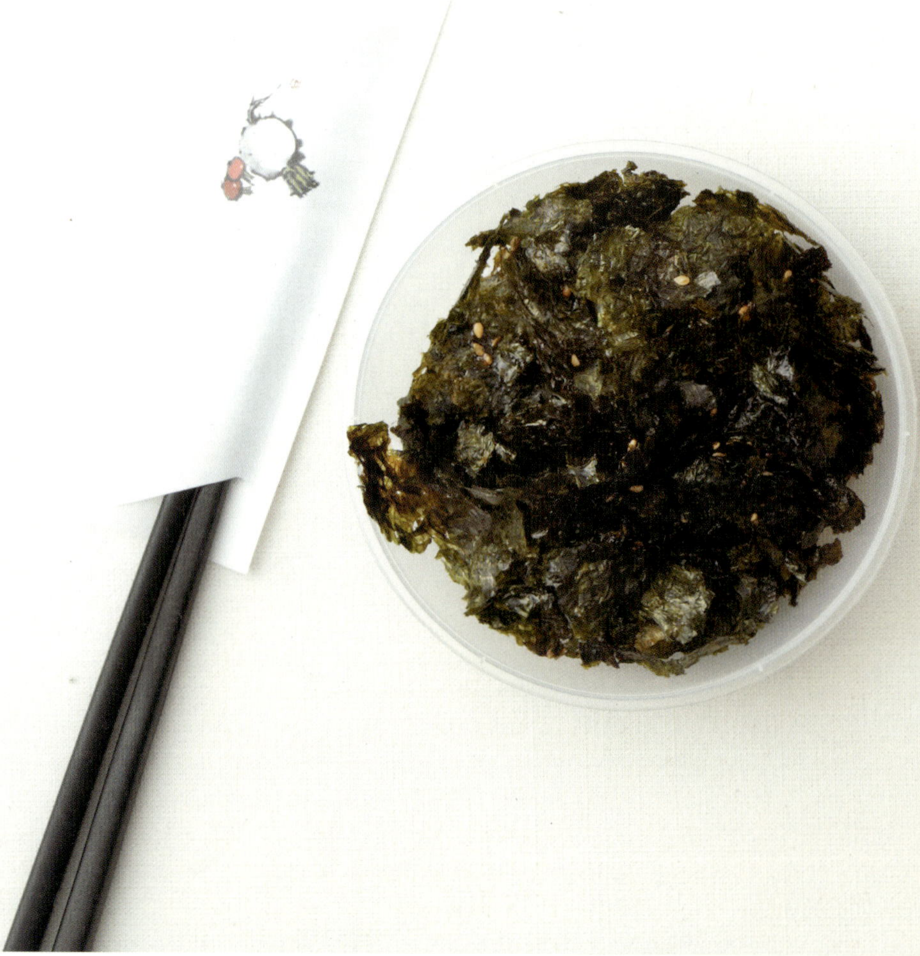

마른표고간장장아찌 

마른 표고버섯 60g

장아찌국물 재료
조선간장 1/4 컵
설탕 1/4 컵
다시마(5×5cm) 1장
물 3/4 컵

1.
표고버섯은 물에 담가
불린다. 불린 표고버섯
의 물기를 뺀 후 가볍게
짠다.

2.
냄비에 장아찌국물 재
료를 넣어 끓인다.

3.
밀폐 용기에 표고버섯
을 담고 ❷의 국물을 부
어 냉장고에서 3일 정도
숙성한다.

오징어채고추장무침 

오징어채 150g
고추장 3큰술
올리고당 4큰술

1.
볼에 오징어채를 넣고
물을 자작하게 부어 불
린다.

2.
팬에 고추장, 올리고당
을 넣어 끓인다.

3.
❷에 불린 오징어채를
넣고 골고루 섞으며 볶
는다.

김양념장무침

김 15장

양념 재료
조선간장 2큰술
고추장 1큰술
올리고당 1큰술
설탕 1큰술
통깨 2큰술

1.
달군 팬에 김을 올려 굽
는다. 구운 김을 봉지에
넣어 작게 부순다.

2.
냄비나 팬에 양념 재료를
넣고 섞어가며 끓인다.

3.
부순 김을 ❷에 넣어 골
고루 버무린다.

고구마밥

고구마 1개
불린 쌀 1컵
소금 약간
다시마(5×5cm) 1장
물 1컵

1.
고구마는 껍질을 벗긴
후 한 입 크기로 깍둑썰
기 한다.

2.
뚝배기에 불린 쌀을 넣
고 소금과 물을 부은 후
다시마, 고구마를 올려
밥을 짓는다.

버섯은 씹히는 맛과 향이 좋은데 묶음상품으로 많이 구입하기 때문에 남아서 버리기 일쑤다.
불고기 요리를 할 때 고기 대신 버섯을 많이 넣어 먹어도 좋다. 숨이 죽으면 익기 전에 비해 3분의 1 정도로 줄어든다.
기름을 두른 팬에 볶아도 좋지만 마른 팬에 노릇하게 구우면 쫄깃하면서 향이 더 살아난다.
양념김치를 만들 때는 신 김치가 잘 어울린다. 특히 잘게 썰어 만들기 때문에 먹기에 좋고 씹히는 맛도 좋다.

모둠**버섯**불고기 + **양념**김치

모둠버섯불고기 

새송이버섯 1개
참타리버섯 1/3팩(70g)
팽이버섯 1/4봉(75g)
소고기(불고기용) 300g
당근 1/4개
양파 1/2개
대파 1/3대
통깨 약간
기름 약간

불고기 양념 재료
조선간장 3큰술
설탕 2큰술
참기름 1큰술
통깨 약간
후춧가루 약간

1.
새송이버섯은 길이로 2등분한 다음
도톰하게 저며 썰고
참타리버섯은 낱낱이 찢는다.
팽이버섯은 밑동을 잘라낸다.

2.
당근은 길이로 반 가른 후
얇고 어슷하게 저며 썰고
양파는 채 썰고, 파는 어슷하게 썬다.
소고기는 한 입 크기로 썬 후
불고기 양념 재료를 섞어 재운다.

3.
달군 팬에 기름을 두르고
손질한 버섯을 넣어 쫄깃하게 볶는다.

모둠버섯불고기를 넉넉히 만들어
남았다면 녹말물을 넣고
덮밥소스를 만들어 덮밥으로 먹거나
당면을 더해 잡채로 재활용하면 좋습니다.

4.
❸에 ❷를 모두 넣어 볶다가
채소와 고기가 익으면 통깨를 뿌린다.

양념김치

김치 $1/_8$포기

양념 재료
참기름 1큰술
설탕 1큰술
통깨 1큰술

1.

김치는 곱게 채 썬다.

2.

채 썬 김치의 물기를 꼭 짠다.

3.

볼에 양념 재료를 넣어
골고루 섞고 김치와 버무린다.

당면은 전날 미리 물에 담가 불려 놓으면 편리하다. 불리는 대신 미리 익혀 놓으면 쫄깃한 맛이 사라지고 붇기 때문에 익혀놓지는 않는다.

모둠버섯불고기잡채덮밥

밥 2공기
당면 2줌
대파 흰 부분(5cm) 1토막
모둠버섯불고기 2인분
↳162쪽 참고

국물 재료
다시마(5×5cm) 1장
조선간장 2큰술
설탕 2큰술
물 4컵

1.
당면은 물에 담가 불린다.

2.
파는 송송 썬다.

3.
냄비에 모둠버섯불고기와
국물 재료를 넣고 끓인다.

4.
❸이 끓어오르면 불린 당면을 넣고
익을 때까지 끓인 후 밥 위에 올리고
송송 썬 파를 뿌린다.

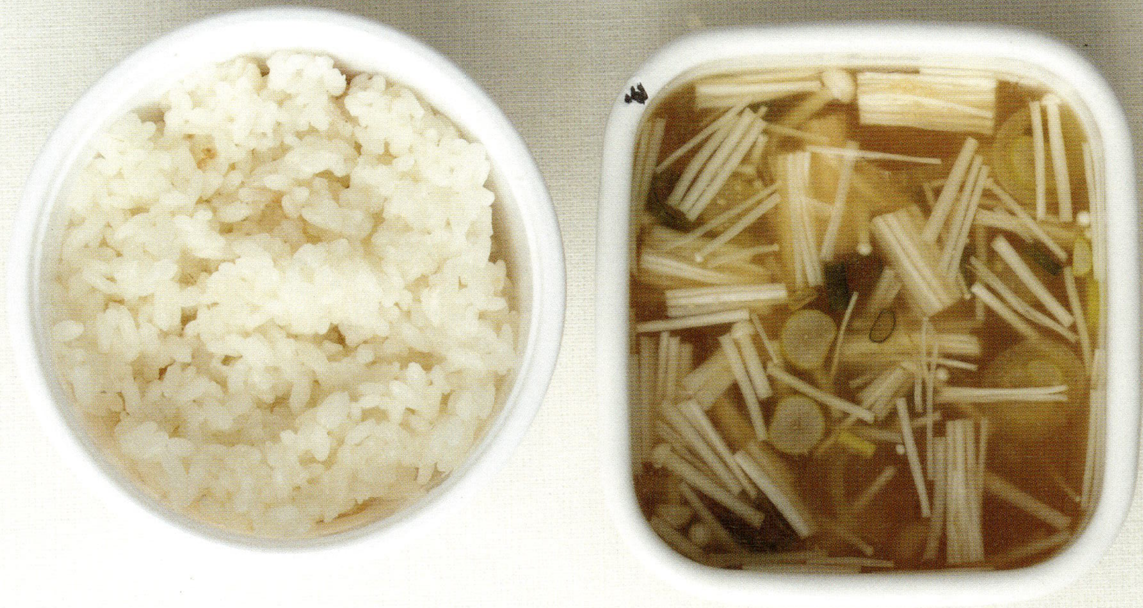

Tue
점심 도시락

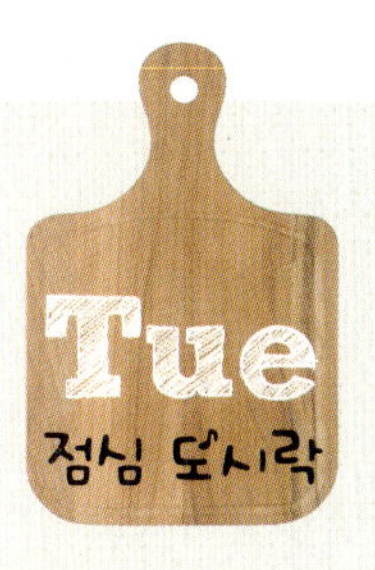

버섯하이라이스 + 팽이버섯맑은된장국

하이라이스가루 대신 커리가루, 짜장가루로 대신해도 좋다.

하이라이스나 커리 등이 남아서 다시 데울 때에는 물이나 우유를 조금 더해서 데워야 맛이 좋다.

일본된장국은 한국된장보다 단맛이 더 나는데 팽이버섯 대신 미역, 유부, 두부 등을 곁들여도 맛있다.

버섯하이라이스

새송이버섯 1개
팽이버섯 $1/8$봉(30g)
브로콜리 $1/6$개
양파 $1/2$개
당근 $1/4$개
하이라이스가루 4큰술
기름 약간
물 4컵

1.
버섯과 채소는 모두 한 입 크기로 썬다.

2.
달군 냄비에 기름을 두르고
브로콜리를 제외한 채소와
버섯을 넣어 볶는다.

3.
❷의 재료가 반 이상 익으면
물을 붓고 끓인다.

4.
❸의 재료들이 뭉근하게 완전히 익으면
브로콜리를 넣고 3분간 더 끓인 후
하이라이스가루를 넣어 골고루 풀고
걸쭉해질 때까지 끓인다.

팽이버섯맑은된장국

팽이버섯 1/8봉(30g)
대파(5cm) 1토막
일본된장 1큰술

국물 재료
멸치 10마리
다시마(5×5cm) 1장
물 2컵

1.
멸치는 머리와 내장을 제거하고
다시마는 겉면을 닦은 후
냄비에 물과 함께 넣어
15분 정도 끓인 다음 건더기를 건진다.

2.
팽이버섯은 밑동을 제거해 2등분하고
파는 송송 썬다.

3.
❶의 국물에
일본된장을 풀어 넣어 끓인다.

4.
❸에 팽이버섯과 파를 넣은 후
불을 끈다.

팽이버섯달걀부침 + 참타리버섯나물 + 파볶음

팽이버섯은 쫄깃쫄깃하게 씹히는 맛이 좋다.
달걀말이 대신 그냥 넓게 부치는데 취향에 따라 반숙 정도로 익혀도 좋다.
당면을 더 많이 넣고 양념장을 곁들이면 간단한 식사 대용으로도 좋다.
파는 많이 남기 마련인데 생으로 먹으면 맵지만 익히면
단맛이 나기 때문에 볶아서 반찬으로 먹어도 좋고
팬이나 그릴에 구우면 서양 요리와도 잘 어우러진다.
버섯은 향을 즐기는 것이 중요한데
마늘이나 파를 넣지 않으면 더 담백하게 먹을 수 있다.

팽이버섯달걀부침

팽이버섯 1/8봉(30g)
달걀 2개
당면 1줌
소금 약간
후춧가루 약간
볶음용 기름 약간

1.

당면은 물에 담가 불린 후
4cm 길이로 썰고
팽이버섯은 밑동을 잘라내고
2등분한다.

2.

볼에 달걀을 곱게 풀어
소금, 후춧가루로 간한다.

3.

달군 팬에 기름을 두른 후
당면을 넣어 볶는다.

4.

당면이 투명하게 익으면
동그랗게 펼친 다음 팽이버섯을 뿌리고
❷의 달걀을 부어 동그랗게 부친다.

참타리버섯나물

참타리버섯 1팩(200g)
조선간장 1작은술
통깨 약간

1.
참타리버섯은 낱낱이
뜯는다.

2.
냄비에 물을 부어 끓으
면 참타리버섯을 넣어
살짝 데친 후 건져 물기
를 짠다.

3.
볼에 간장, 통깨, ❷의
버섯을 넣어 골고루 버
무린다.

파복음

대파 1대
고추장 1작은술
설탕 1작은술
카놀라유 약간

1.
파는 6cm 길이로 썬
후 길이로 4등분한다.

2.
달군 팬에 카놀라유를
두른 후 파를 넣어 볶
는다.

3.
파가 다 익으면 고추장,
설탕을 넣고 골고루 볶
는다.

군고구마

고구마는 미리 쪄서 1cm 두께로 썰어 냉동실에 보관해두었다가
급할 때 꺼내어 달군 팬에 구우면 방금 익힌 것처럼 먹을 수 있다.
타지 않도록 약한 불에서 뚜껑을 덮고 구워야 속까지 따뜻해진다.

고구마 4개

1.
고구마는 껍질째 깨끗이 씻어
김이 오른 찜기에 넣고 20분 정도 찐다.

2.
찐 고구마를 1cm 두께로
동그랗게 썬다.

3.
마른 팬에 ❷를 올려
양면을 노릇하게 굽는다.

Bon appetit
Bon appe

Wed
점심 도시락

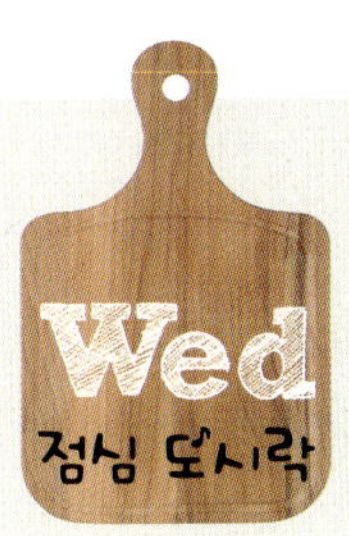

달걀덮밥 + 브로콜리줄기절임

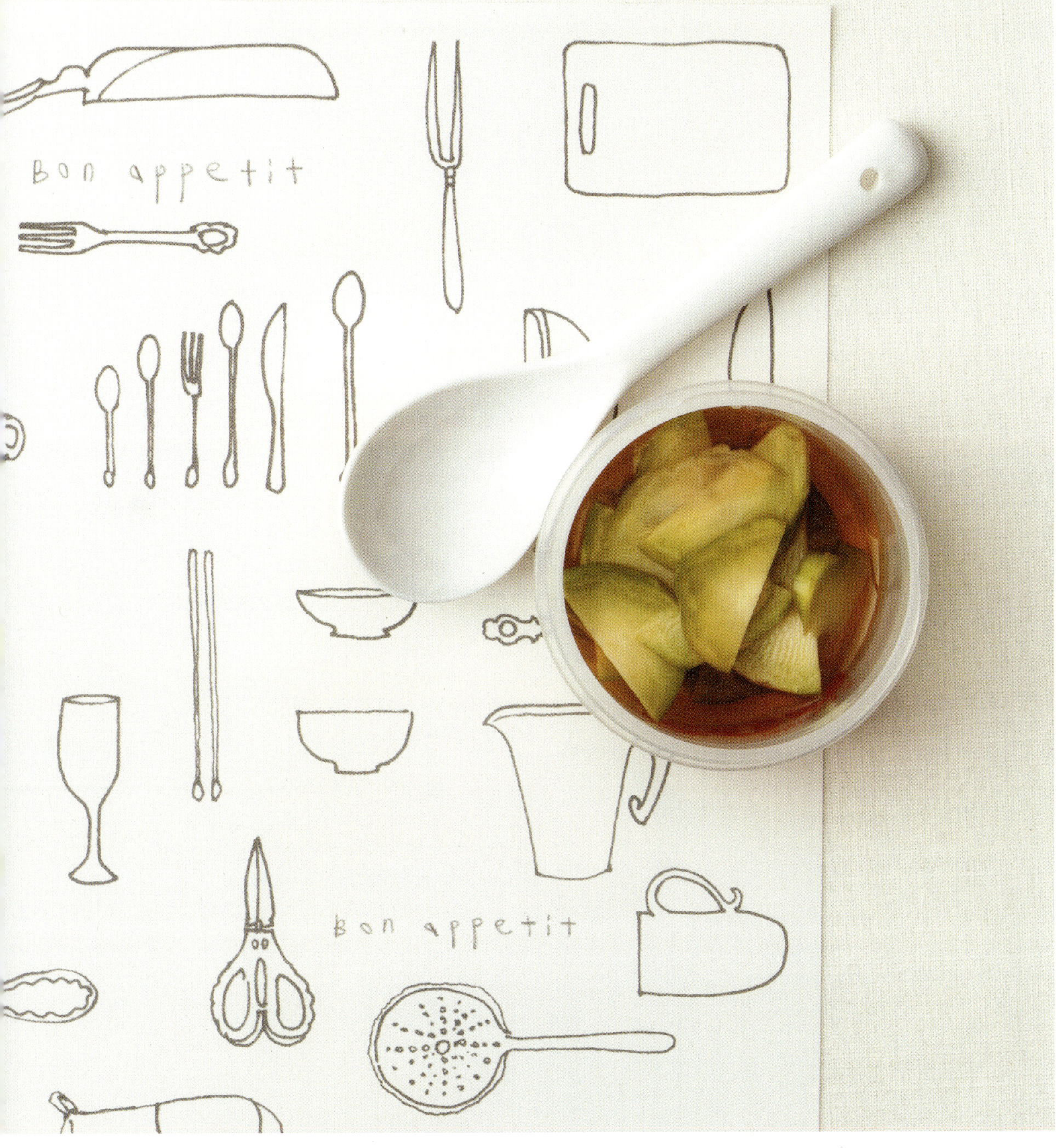

달걀덮밥

달걀덮밥은 달걀이 딱딱해지지 않도록 부드럽게 익혀야 밥과 함께 술술 넘어간다.
도시락으로 쌀 때 덮밥소스를 밥 위에 미리 얹으면 눅눅해지므로
따로 담아 먹기 전에 부어 먹는다.

밥 2공기
달걀 2개
팽이버섯 1/4봉(30g)
대파 1/3대
양파 1/2개
당근 1/4개
녹말물 2큰술
(녹말가루 2큰술+물 2큰술)
소금 약간
후춧가루 약간
물 2컵

1.
팽이버섯은 밑동을 제거한 다음
송송 썰고 파도 송송 썬다.
양파는 곱게 채 썰고
당근은 반달 모양으로 얇게 저며 썬다.

2.
냄비에 파를 제외한
채소와 버섯, 물을 넣고 끓인다.

3.
❷의 재료들이 익으면
파와 달걀을 풀어 넣고 녹말물을 넣어
농도가 걸쭉해지도록 끓인 후
소금과 후춧가루로 간해
밥과 곁들인다.

브로콜리줄기절임

브로콜리 줄기는 딱딱해서 버리기 쉬운데, 겉면의 까만 부분을 제거하고
얇게 썰어 절이면 피클 대신 먹을 수 있다. 장아찌처럼 오랫동안 절여 먹기에도 좋다.

브로콜리 줄기 1개분

절임국물 재료
조선간장 1큰술
식초 1큰술
설탕 1작은술
물 1/4 컵

1.
브로콜리 줄기는
반달 모양으로 얇게 저며 썬다.

2.
냄비에 절임국물 재료를 넣고 끓인다.

3.
볼에 브로콜리 줄기를 담고
❷의 국물을 부어 냉장고에서 3일 정도
숙성한다.

Wed
저녁 밥상

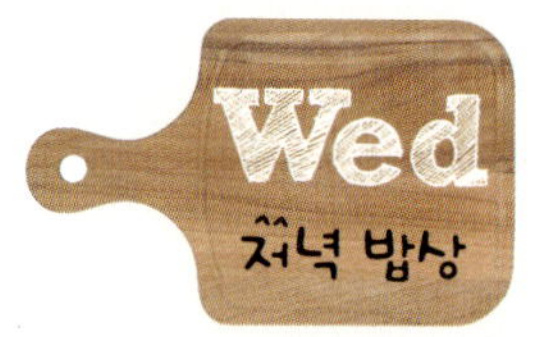

마른표고고추장찌개 + **양파달걀**고구마샐러드

마른 표고버섯은 고기 대신 깊고 풍부한 맛을 낼 수 있는 좋은 재료다.
고추장 대신 된장을 넣어서 끓여도 맛있다.
샐러드에 넣는 **양파**는 곱게 다져서 맛이 튀지 않도록 하는 것이 좋다.
매운맛이 싫다면 찬물에 담가 매운맛을 제거하고 물기를 뺀 후 조리하면 된다.

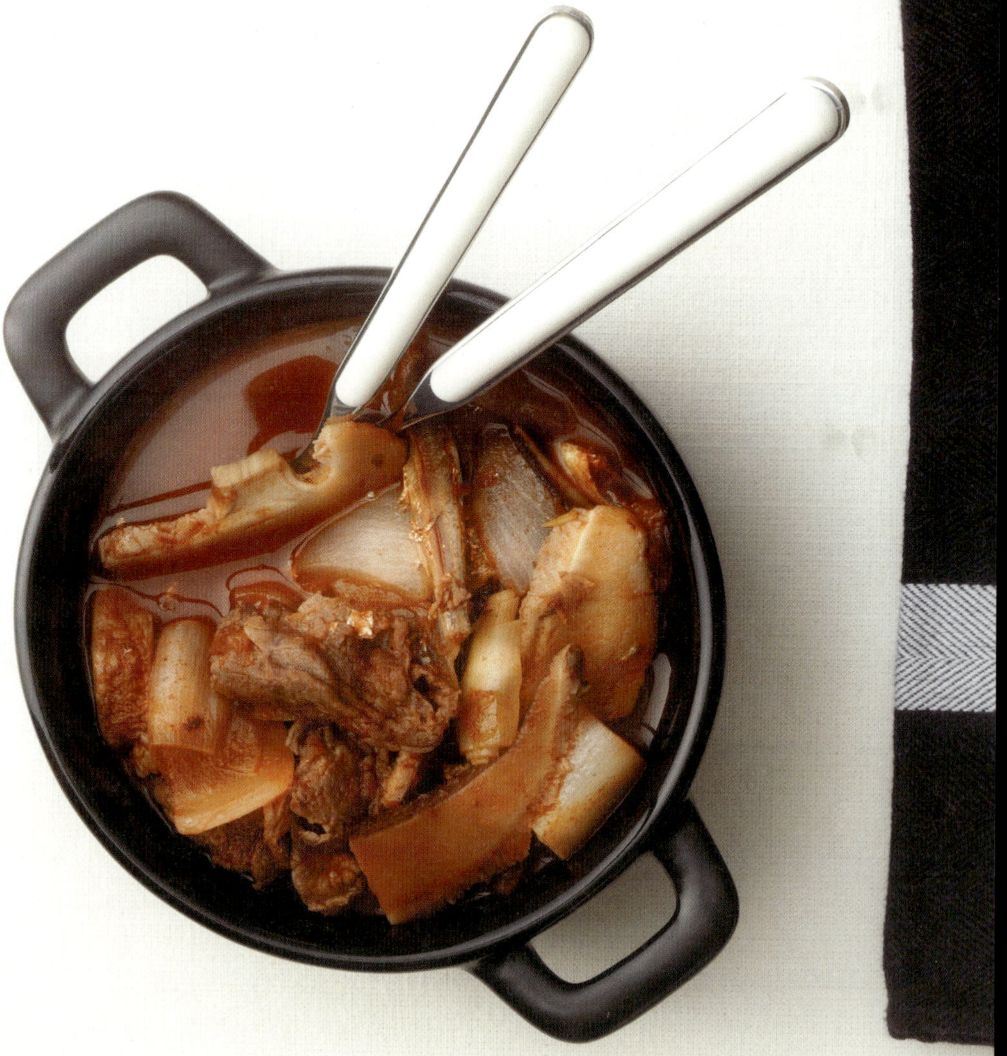

마른표고고추장찌개

양파 1/2개
마른 표고버섯 16개
소고기(불고기용) 100g
고추장 2큰술

국물 재료
다시마(5×5cm) 1장
멸치 10마리
물 2컵

1.
양파는 큼직하게 깍둑 썬다.

2.
멸치는 머리와 내장을 제거하고
다시마는 겉면을 닦은 후
냄비에 물을 넣고 양파, 마른 표고버섯,
소고기를 함께 넣어 끓인다.

3.
❷의 국물이 우러나오면
고추장을 풀어 넣고 한소끔 더 끓인다.

양파달걀고구마샐러드

양파 1/4개
달걀 4개
고구마 2개
마요네즈 4큰술
소금 약간
후춧가루 약간

1.
양파는 곱게 다진다.

2.
달걀은 냄비에 물과 함께 넣어
끓기 시작하면 13분 정도 끓여
완숙으로 삶는다.
고구마는 껍질을 벗겨 삶는다.

3.
볼에 삶은 달걀과 고구마를 넣고
뜨거울 때 포크로 으깬다.

4.
❸에 다진 양파와 마요네즈, 소금,
후춧가루를 넣어 골고루 버무린다.

샐러드를 넉넉하게 만들어 남았다면
샌드위치의 스프레드로 활용해보세요.

모닝롤샌드위치

한 봉지 양이 많아 늘 쟁여두게 되는 모닝롤은
냉동실에 두었다가 전날 미리 꺼내 실온에서 해동해 데우면 된다.
오븐 토스트기가 없다면 달군 팬에 뚜껑을 덮고 약한 불로 데우면 된다.

모닝롤 4개
양파달걀고구마샐러드 8큰술
↳183쪽 참고
마요네즈 4큰술

1.
달군 팬에 모닝롤을 따뜻하게 데운다.

2.
데운 모닝롤을 동그랗게 반으로 가른 후
아래쪽 빵의 안쪽에 마요네즈를
골고루 펴 바른다.

3.
❷에 고구마샐러드를 얹은 후
빵 윗면으로 덮는다.

cherry pie

Papierstuck- und Dekorations-Industrie
Wien, V. Bezirk, Schönbrunnerstrasse Nr. 65.
FUSSBODEN-LACKE
Oelfirnissfarben etc. streichfertig für den Hausgebrauch zu Fabrikspreisen bei
Leop. Gromanns Sohn, Wien, I. Am Hof (Lederhof 2)
Muster und Preisverzeichnis auf Wunsch gratis.
LAUBERGER & GLOSS
Spezialfabrik für engl. Flügel und Pianos
Fabrik u. Kontor:
WIEN, V.
Blechthurmg. 29.
48 Medaillen u. Auszeichnungen. Paris, London, Wien etc. Grosse gold. Medaille.
K. k. priv.
Fabrik
JOH. SCHUBERTH, WIEN
XVI., Dampfbadgasse 7. — Niederlage:
IV., Favoritenstrasse 3 (Gusshaus)
TAILLEUR
SCHNEIDER
JOHANN LHOTA
WIEN, VII. STIFTGASSE 25, II. ST.
K. u. k. Hof-
Klavierfabrikanten
Lieferanten der
k. u. k. Militär-Institute
der Stingl
X., Laxenburgerstrasse
und III., Ungargasse
Akt
und
Wachstuc
GRAMMOPHON H. WEISS & Co.
JOSEF PFENINGBERGER'S
SÖHNE
Wien, I., Bauernmarkt Nr. 10
Gegründet im Jahre 1850.

데리야키덮밥

데리야키소스를 많이 만들어두면 조림, 볶음, 구이 요리에 다양하게 응용할 수 있다.
데리야키볶음밥을 도시락으로 싸갈 때는 볶은 채소를 밥 위에 얹고
데리야키소스는 따로 포장해서 먹기 직전에 곁들이자.

새송이버섯 1개
대파 1/3대
당근 1/4개
양파 1/4개
브로콜리 1/6개

데리야키소스 재료
조선간장 4큰술
설탕 4큰술
녹말물 1큰술
(녹말가루 1큰술+물 1큰술)
물 1/4컵

1.
버섯과 채소는 모두 한 입 크기로 썬 후
달군 팬에 올려 살짝 굽는다.

2.
냄비에 조선간장, 설탕, 물을 넣고 끓인다.

3.
❷가 끓어오르면 녹말물을 풀어 넣고
걸쭉하게 끓여 데리야키소스를 만든 후
밥 위에 끼얹는다.

Thu
저녁 밥상

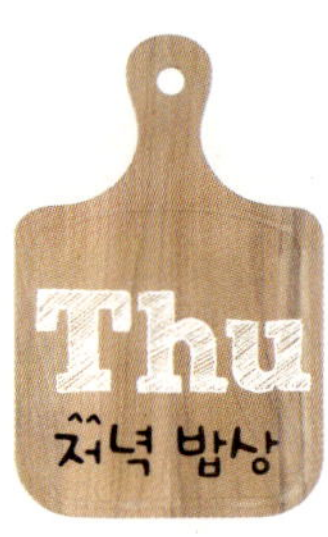

파생채 + **불고기**전골

파를 가늘고 길게 썰기가 번거롭다면 길고 어슷하게 썰어도 좋다. 혹은 파채 전용 칼도 있으니 참고할 것. **파생채**는 먹기 직전에 버무리는 것이 좋은데 파의 매운맛이 강할 때는 찬물에 담갔다가 건져 사용하자. **전골**은 별도의 양념 없이 고기 양념이 배면서 맛이 우러나므로 고기 양념을 약간 강하게 한다.

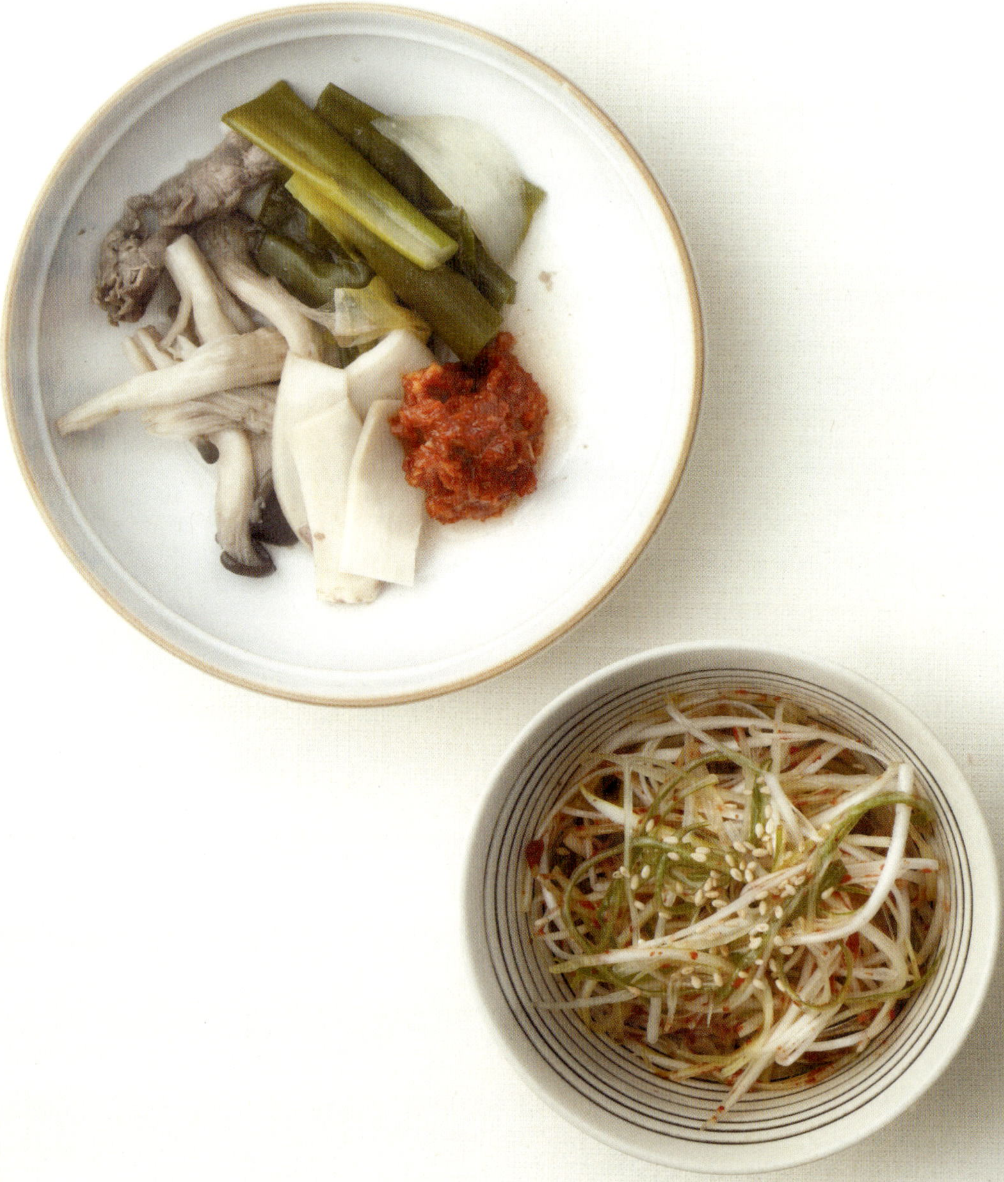

파생채

대파 1대

양념 재료
고춧가루 2작은술
설탕 2작은술
식초 2작은술
소금 약간

1.
파는 곱게 채 썬다.

2.
볼에 양념 재료를 넣어 골고루 섞은 다음
채 썬 파와 버무린다.

불고기전골

소고기(불고기용) 300g
새송이버섯 1개
느타리버섯 1/3 팩(70g)
팽이버섯 1/8 봉(30g)
대파 1대
양파 1/2개
다시마물 4컵
(다시마 5×5cm 2장+물 4컵)

고기 양념 재료
조선간장 3큰술
설탕 1큰술
다진 마늘 1작은술
참기름 1큰술

양념장 재료
고춧가루 1큰술
조선간장 1큰술
다진 마늘 1큰술
물 1큰술

전골을 넉넉히 만들어 남겼다면
다음 날 소면을 삶아 비벼 먹거나
밥을 넣고 끓여서
죽으로 즐겨도 좋습니다.

1.
소고기는 볼에 고기 양념 재료와 함께
넣고 골고루 섞어 재운다.

2.
버섯과 채소는 모두 한 입 크기로 썬다.

3.
냄비에 재운 소고기와 손질한 버섯,
채소들을 보기 좋게 둘러 담고
다시마물을 부어 끓이면서
고기가 뭉쳐져서 익지 않게
중간 중간 뒤적인다.

4.
양념장 재료를 골고루 섞어 따로 곁들인다.

불고기전골죽

고기에서 자연스럽게 우러나온 국물과 채소 국물로 끓여 진한 맛이 나는
불고기전골로 죽을 만든다. 파를 넣으면 단맛이 우러나 풍부한 맛이 난다.

밥 1공기
불고기전골 1컵
↳191쪽 참고
대파(5cm) 1토막
물 1컵

1.
파는 송송 썬다.

2.
냄비에 불고기전골과
물, 밥, 파를 넣고 푹 끓여 졸인다.

bon appetit
bon appetit
bon app
bon appetit

브로콜리된장샐러드 + 밑반찬비빔밥

브로콜리된장샐러드는 도시락을 싸서 가는 동안에 맛이 더 깊어진다.
밑반찬은 모두 제각각 간이 되어 있기 때문에 별도의 양념장이 필요 없다.
국물이 많은 양념은 걷어내고 사용하는 것이 좋다.

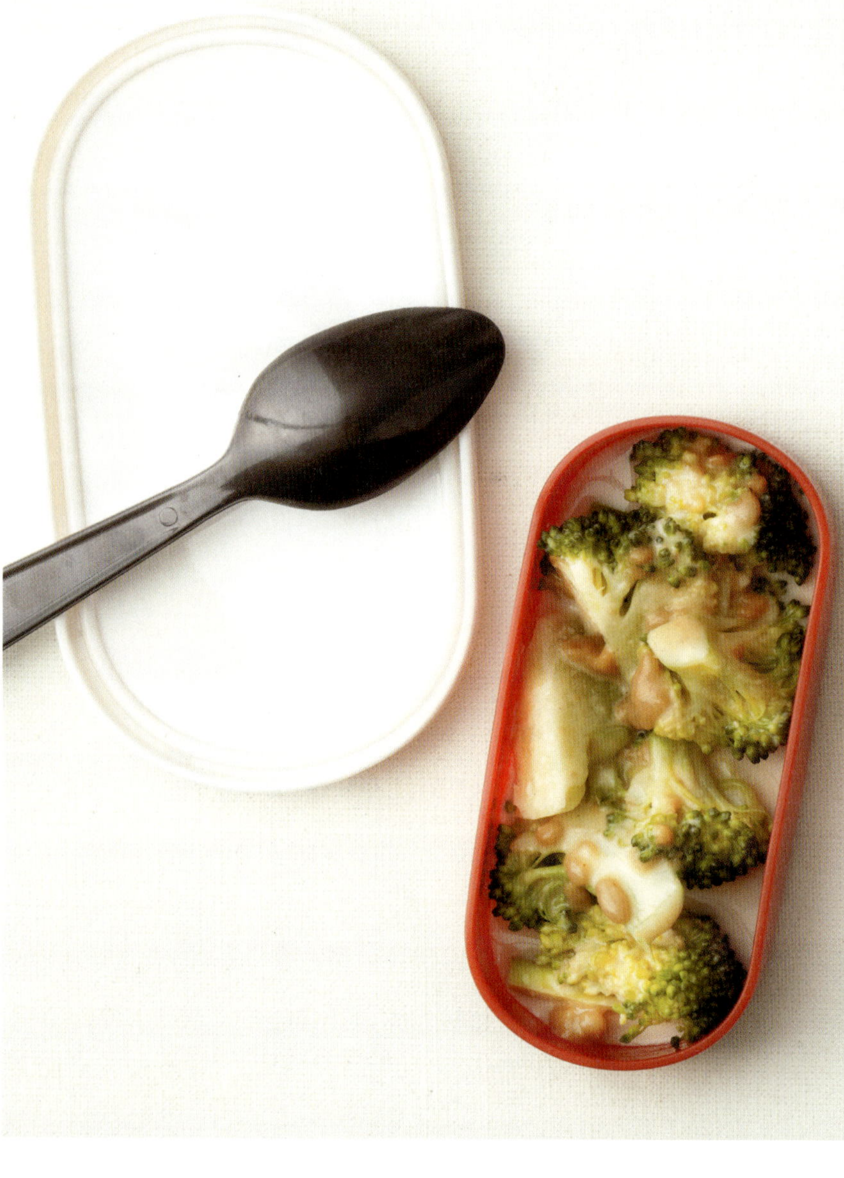

브로콜리된장샐러드

브로콜리 1/4개

소스 재료
일본된장 1/2큰술
식초 1큰술
설탕 1/2큰술
마요네즈 1큰술

1.
브로콜리는 한 입 크기로 썬다.

2.
냄비에 물을 붓고 끓여
브로콜리를 데친 후 찬물에 헹구고
물기를 뺀다.

3.
볼에 소스 재료를 넣어 골고루 섞는다.

4.
데친 브로콜리를 ❸에 넣어
골고루 버무린다.

밑반찬비빔밥 

밥 2공기
마른표고간장장아찌 2큰술
↳158쪽 참고
오징어채고추장무침 2큰술
↳158쪽 참고
김양념장무침 2큰술
↳159쪽 참고
달걀 2개
카놀라유 약간

1.
밑반찬은 모두 곱게 다진다.

2.
달군 팬에 카놀라유를 두른 다음
달걀을 곱게 풀어 넣고
젓가락으로 휘휘 저어 스크램블을 만든다.

3.
볼에 다진 밑반찬과
스크램블, 밥을 넣어 골고루 섞는다.

어린잎채소브루스케타 + 버섯새우마늘파스타

어린잎채소는 물기를 잘 제거하면 오랫동안 보관할 수 있다.
씻은 채소라면 물기를 털어낸 후 종이타월로 감싸 밀폐용기에 넣어 보관한다.
새우파스타에 넣는 새우는 껍데기를 제거해야 먹을 때 편리하다.
단, 볶을 때 껍데기를 넣고 볶아 맛을 낸 후에 건져내고
면과 다른 재료를 넣으면 새우 맛을 더 진하게 느낄 수 있다.

어린잎채소브루스케타

모닝롤 2개
어린잎채소 2줌
올리브유 1큰술
다진 마늘 1작은술
후춧가루 약간

소스 재료
식초 1큰술
설탕 1작은술
소금 약간

1.
모닝롤은 동그랗게 반으로 가른 후
안쪽 면에 올리브유와 다진 마늘을
골고루 바르고 달군 팬에 올려
노릇하게 굽는다.

2.
어린잎채소는 깨끗이 씻어
물기를 뺀 후 볼에 소스 재료와
함께 넣어 가볍게 버무린다.

3.
❶의 구운 모닝롤 위에
❷를 나눠 올리고 후춧가루를 뿌린다.

버섯새우마늘파스타

스파게티면 2줌
새송이버섯 1개
새우 10마리
마늘 12쪽
브로콜리 1/3개
올리브유 8큰술
소금 약간
후춧가루 약간

1.
새송이버섯은 모양을 살려
납작하게 저며 썰고
브로콜리는 한 입 크기로 썬다.
새우는 머리와 껍데기를 제거한다.

2.
스파게티면은 끓는 소금물에
7분 정도 삶아 건져 체를 받쳐둔다.
삶은 물을 1컵 남겨둔다.

3.
달군 팬에 올리브유를 두르고
마늘, 브로콜리를 넣어 볶는다.

4.
마늘 향이 나면
새송이버섯, 새우, 삶은 스파게티면,
스파게티 삶은 물 1컵을 넣어
골고루 볶은 후 소금, 후춧가루로 간한다.

김간장양념쌈 + 고구마당근파된장조림

조림을 할 때는 처음부터 양념을 넣지 않고 채소가 반 이상 익었을 때 넣으면
타지 않고 맛도 잘 배면서 재료도 부드럽게 익는다.

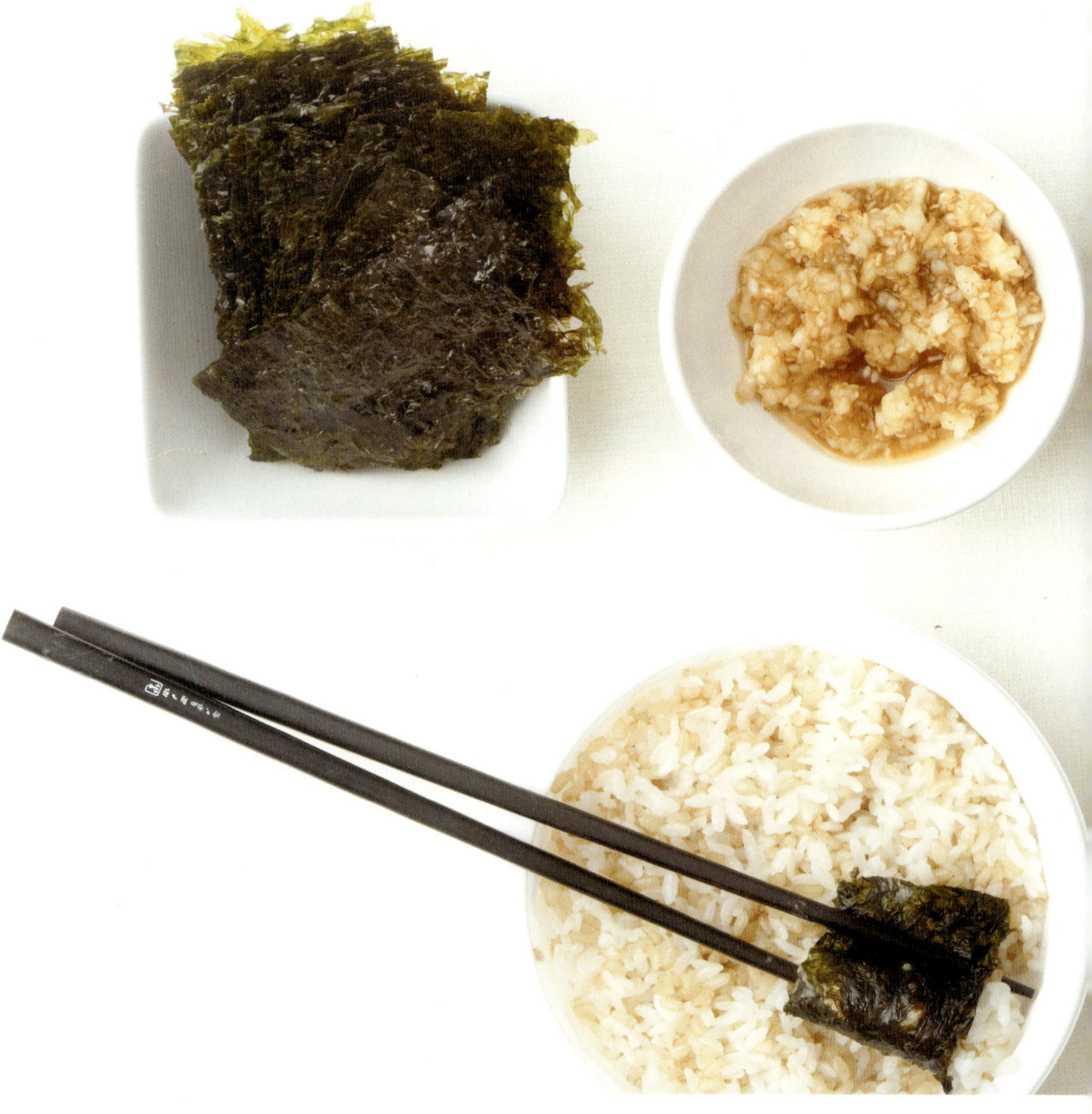

김간장양념쌈

김 3장

양념장 재료
양파 1/4개
조선간장 1큰술
다진 마늘 1/4큰술
통깨 1큰술
물 1큰술

1.
달군 팬에 김을 구운 후 6등분한다.

2.
양파는 작게 다진 후
나머지 양념장 재료와
골고루 섞어 김과 곁들인다.

고구마당근파된장조림

고구마 2개
당근 1/4개
대파 1대
일본된장 1큰술

다시마물 재료
다시마(5×5cm) 1장
물 1컵

1.
고구마는 껍질을 벗긴 후
당근, 파와 함께 한 입 크기로 썬다.

2.
냄비에 물과 다시마를 넣어
15분 정도 끓인 다음
다시마는 건져내고
손질한 채소를 넣어 끓인다.

3.
❷의 채소가 반 정도 익으면
일본된장을 풀어 넣어
한소끔 더 끓인다.

하이라이스 볶음밥

볶음밥에 반숙 달걀부침을 올려 노른자를 터트려 함께 비벼 먹으면
고소한 맛이 나서 맛이 더 좋다. 냉장고 속 자투리 채소들을 모두 넣고 만들 수
있는데 하이라이스가루는 마지막에 넣어야 끈적이지 않고 재료와 잘 섞인다.

밥 2공기
당근 1/4개
양파 1/4개
참타리버섯 1/3팩(70g)
대파 1/2대
어린잎채소 1줌
하이라이스가루 3큰술
달걀 2개
카놀라유 약간

1.
당근, 양파, 참타리버섯은
잘게 다지고 파는 송송 썬다.
어린잎채소는 깨끗이 씻어 물기를 뺀다.

2.
달군 팬에 카놀라유를 두르고
당근, 양파, 참타리버섯을 넣어 볶는다.

3.
❷가 익으면 송송 썬 파와 밥,
하이라이스가루를 넣고 골고루 볶는다.
볶음밥과 어린잎채소를 그릇에 담고
반숙한 달걀부침을 올린다.

WiNTER

따끈한 겨울날

차디찬 겨울에는 속이 비면 더 춥게 느껴진다.
영양 가득한 겨울 제철 식재료로 따끈하게 차린 밥상은
보기만 해도 온몸이 따스해질 듯.
자칫 비타민이 부족해지기 쉬울 때이니,
가을볕에 말려두었던 나물들로 반찬은 물론
영양밥과 국을 만들면 좋다.

WiNTER
스마트한 일주일 **식단**

	아침 밥상	점심 도시락(아점 밥상)	저녁 밥상
Sun		배추양파떡볶이	배추겉절이 꼬막양념 삼치구이
Mon	감자부추죽	밑반찬 3종 ↻ 양파마늘밥	바지락칼국수 부추무침
Tue	떡국떡구이	감잣국 우엉볶음·더덕고추장장아찌주먹밥 ↻	홍합탕 ↻ 애호박부침나물 ↻ 배추된장나물 ↻
Wed	홍합떡국 ↻	배추된장나물비빔밥 ↻ 달걀국	굴국 ↻ 배추볶음 명태찜
Thu	무밥	굴덮밥 ↻	우엉잡채 ↻ 배추고추장된장찌개 ↻ 무나물
Fri	배추된장국밥 ↻	우엉잡채덮밥 ↻ 무생채	배추전과 마늘간장 뭇국
Sat		부추달걀비빔밥 감자양파마늘볶음	피시앤칩스

↻ **사이클 메뉴**
넉넉히 만들어두었다가 약간의 품만 더하면
다음 날 아침이나 점심 식단으로 새롭게 변신이 가능한 메뉴입니다.

한 주 시작 전 미리 만들어두자!
든든한 **밑반찬 3종**

더덕고추장장아찌
↳ 만들기 224쪽

우엉볶음
↳ 만들기 225쪽

배추무장김치
↳ 만들기 224쪽

스마트한
일주일치
맞춤 장보기

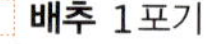

☐ **배추** 1포기

☐ **무** 1개

☐ **애호박** 1개

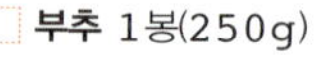

☐ **부추** 1봉(250g)

☐ **굴** 1봉(150g)

☐ **대구포** 1팩(400g)

☐ **삼치** 1마리

☐ **바지락** 1봉(200g, 약 20개)

☐ **냉동 감자** 2줌(120g)

☐ **마늘** 20쪽

☐ **떡국용 떡** 5줌

☐ **달걀** 7개

☐ **칼국수면** 2인분

☐ **더덕** 300g
➔ 도라지로 대체 가능 (풋고추 10개,
　　　　　　　　　　붉은 고추 10개)

☐ **풋고추 · 붉은 고추** 1봉

☐ **감자** 6개

☐ **양파** 4³/₄개

☐ **홍합** 1팩(700g)

☐ **꼬막** 1팩(400g, 약 30개)

☐ **우엉** 3대

떡볶이에 배추를 넣으면 단맛과 고소한 맛이 난다.
고추장 대신 간장을 활용해도 좋다.
냉동실에 어묵이 있다면 어묵을 함께 넣으면 감칠맛이 더해지고,
다시마와 표고버섯을 넣어도 깊은 맛이 난다.

배추양파떡볶이

떡국용 떡 2줌
배춧잎 4장
양파 1/2개
다시마(5×5cm) 1장
통깨 약간
물 2컵

양념 재료
고추장 2큰술
조선간장 1큰술
설탕 2큰술

1.
배춧잎은 길이로 반 갈라
2cm 폭으로 어슷하게 썰고
양파는 도톰하게 채 썬다.

2.
떡은 물에 담가 불린다.

3.
냄비에 물을 붓고
배춧잎, 양파, 다시마를 넣어 끓인다.

4.
국물이 우러나면 떡과 양념 재료를
넣고 농도가 걸쭉해질 때까지
10분 이상 저어가며 끓인 후
마지막에 통깨를 뿌린다.

배추겉절이 + 꼬막양념 + 삼치구이

겉절이 채소는 부드러운 맛이 중요하기 때문에 억센 겉잎보다는 고소하고 연한 속잎을 활용하면 더 좋다.
집에서 **생선**을 구울 때 식초를 조금 발라 구우면 더 탄력 있고 부서지지 않게 구울 수 있고,
구운 팬에 간장을 조금 넣고 익히면 비린내를 중화시킬 수 있다.
밀가루옷을 입히면 껍질까지 바삭하게 익힐 수 있다.
조개류를 해감할 때는 어두운 곳에 두고 가위를 넣은 후 도마나 검은 비닐로 덮으면 좋다.
꼬막은 물을 자작하게 붓고 끓어오르면 개흙이 빠지도록 흔들어서 빼낸다.

꼬막양념

꼬막 1팩(400g, 약 30개)

양념 재료
풋고추 · 붉은 고추 2개씩
양파 $1/4$개
조선간장 2큰술
설탕 $1/2$큰술
통깨 1큰술

1.
꼬막은 쇠가위와 함께 물에 담가
해감을 뺀 다음 끓는 물에 넣어 삶는다.

2.
꼬막의 살만 발라낸다.

3.
풋고추와 붉은 고추, 양파는 곱게 다진 후
간장, 설탕, 통깨와 섞어
꼬막과 함께 골고루 버무린다.

배추겉절이

배춧잎 4장

양념 재료
조선간장 2큰술
설탕 1큰술
식초 1큰술
고춧가루 1작은술

1.
배춧잎은 길이로 반 갈라 2cm 폭으로 어슷하게 썬다.

2.
볼에 양념 재료를 넣고 골고루 섞어 배춧잎과 버무린다.

삼치구이

삼치 1마리
후춧가루 약간
밀가루 약간
구이용 기름 약간

1.
삼치는 먹기 좋은 크기로 손질한 후 후춧가루를 뿌리고 밀가루옷을 입힌다.

2.
기름을 두른 달군 팬에 삼치를 올리고 뚜껑을 덮어 익힌다.

3.
한쪽 면이 노릇하게 익으면 뒤집어 익힌다.

감자부추죽

감자는 전날 밤에 미리 손질해두면 아침에 요리하기 편리하다.
감자의 전분으로 걸쭉하게 만들기 때문에 손질한 감자와 물을 함께 통에 넣어두었다가
그대로 냄비에 넣어 끓이고, 부추는 송송 썰어 통에 넣어두었다가 마지막에 넣으면 된다.
전날 미리 익혀두었다가 아침에 데우면서 부추만 넣어도 편리하다.

감자 2개
부추 4줄기
소금 약간
물 2컵

1.
감자는 얇게 저며 썰고
부추는 깨끗이 다듬어 송송 썬다.

2.
냄비에 감자와 물을 넣고 끓인다.

3.
감자가 푹 익으면 주걱으로 대충 으깬 후
부추를 넣고 소금으로 간한다.

Mon
점심 도시락

밑반찬 3종 + **양파마늘**밥

장김치는 오랫동안 묵혀도 맛이 좋으며 파스타나 리소토 등과 곁들여도 잘 어울린다.
더덕은 손질하기가 불편한데 세로로 칼집을 낸 후 껍질을 벗기면 편리하다.
더덕 대신 도라지, 우엉을 활용해도 좋다.
우엉은 숨이 죽을 때까지 충분히 볶아야 하며, 볶는 정도에 따라 씹히는 느낌이 달라진다.
아삭한 느낌이 좋으면 숨이 죽은 후에 바로 양념을 하고 부드러운 느낌이 좋으면 조금 더 익히면 된다.
우엉이 굵을 때는 반으로 가른 후 어슷하게 썬다.

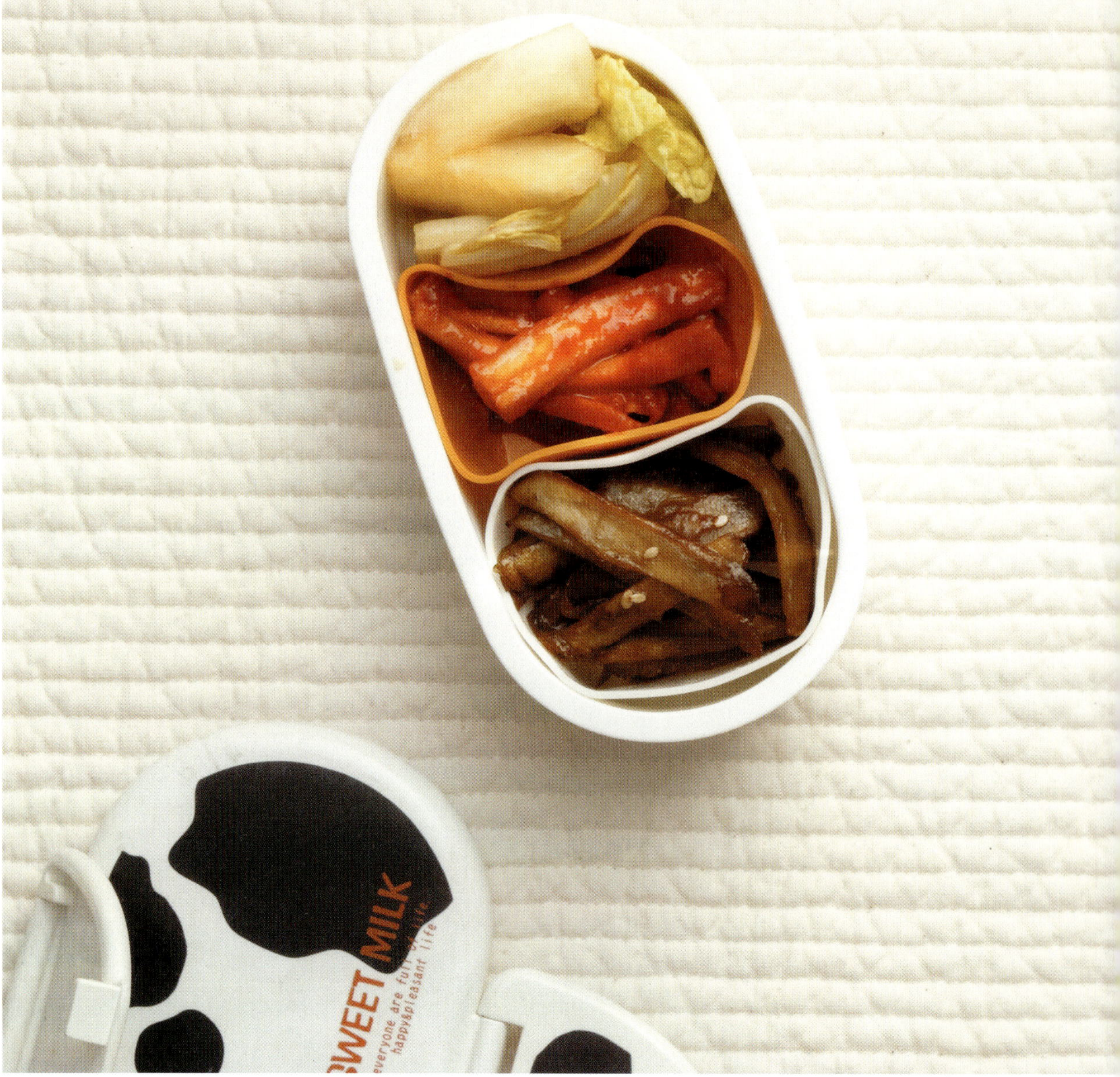

배추무장김치

배추 1/4포기
무 1/4개

국물 재료
조선간장 1컵
설탕 1컵
식초 1/2컵
물 1컵

1.
배추는 한 입에 먹기 좋은 크기로 썰고 무는 길쭉하게 손가락 굵기로 썬다.

2.
냄비에 국물 재료를 모두 넣고 한소끔 끓인다.

3.
밀폐용기에 ❶의 배추와 무를 담고 ❷를 부은 후 30분 후에 한 번 뒤섞는다.

더덕고추장장아찌

더덕 300g

양념 재료
고추장 4큰술
식초 2큰술
올리고당 1큰술

1.
더덕은 껍질을 벗겨 4cm 길이로 썬다.

2.
볼에 양념 재료를 넣어 골고루 섞은 후 더덕과 버무려 양념이 밸 때까지 재운다.

우엉볶음 

우엉 1대
조선간장 4큰술
설탕 4큰술
볶음용 기름 약간

1.
우엉은 껍질째 부드러
운 수세미로 문질러 깨
끗이 씻은 후 얇게 저미
듯 어슷하게 썬다.

2.
기름을 두른 달군 팬에
우엉을 넣어 볶는다.

3.
우엉이 익어 숨이 죽으
면 간장과 설탕을 넣어
맛이 배도록 졸인다.

양파마늘밥 

불린 쌀 1컵
양파 $1/2$개
마늘 8쪽
물 1컵

1.
양파는 큼직하게 깍둑
썰기 하고 마늘은 반으
로 저며 썬다.

2.
뚝배기에 불린 쌀과 물
을 넣고 양파와 마늘을
넣어 밥을 짓는다.

바지락칼국수 + 부추무침

바지락칼국수는 칼칼하고 매콤한 부추무침을 넣어 먹으면 감칠맛을 더할 수 있다.
부추무침에 채 썬 양파를 더해도 맛있고 조선간장 대신 새우젓을 사용해도 좋다.

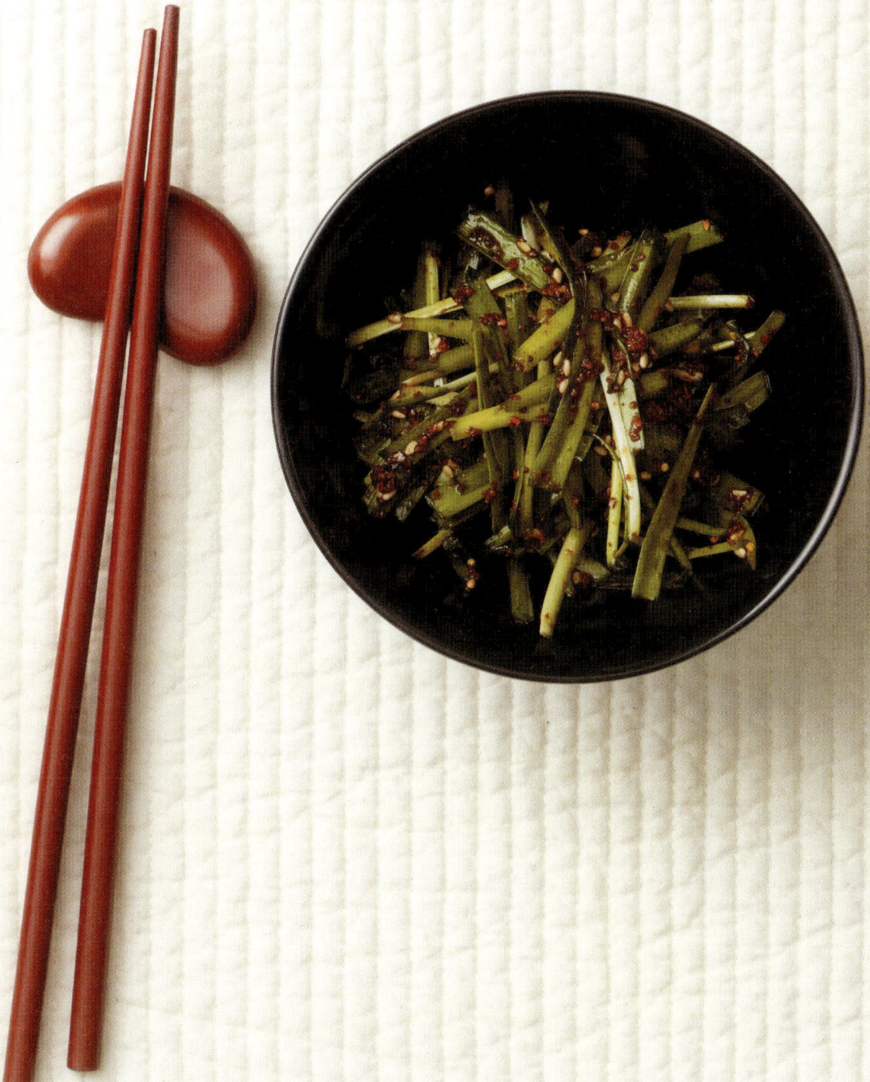

바지락칼국수

칼국수면 2인분
바지락 1봉(200g, 20개)
애호박 1/6개
양파 1/2개
풋고추 · 붉은 고추 1/2개씩
다진 마늘 1/2작은술
조선간장 2큰술
후춧가루 약간
물 6컵

1.
바지락은 쇠가위와 함께 물에 담가
해감을 뺀다.

2.
애호박은 반달 모양으로 썰고
양파는 도톰하게 채 썬다.
풋고추, 붉은 고추는 송송 썬다.

3.
냄비에 물과 다진 마늘, 애호박,
양파를 넣고 양파가 반 정도 익으면
바지락과 칼국수면을 넣어 끓이다가
바지락과 칼국수면이 익으면
풋고추, 붉은 고추를 넣고
간장, 후춧가루로 간한다.

부추무침

부추 3줌

양념 재료
조선간장 4큰술
고춧가루 4큰술
설탕 1작은술
통깨 2큰술

1.
부추는 깨끗이 씻어 4cm 길이로 썬다.

2.
볼에 양념 재료를 넣어
골고루 섞고 부추와 버무린다.

떡국떡구이

떡국 떡은 전날 밤에 미리 물에 담가 불려놓는다.
팬에 올리기 전에 체를 받쳐 물기를 제거해야 빨리 구울 수 있다.
중간 불에서 약간 부풀어 오르도록 양면을 굽는다.

떡국용 떡 1줌
올리고당 4큰술
조선간장 2큰술
통깨 약간

1.

떡은 물에 불린다.

2.

달군 팬에 불린 떡을 올려
노릇하게 굽는다.

3.

올리고당과 간장을 섞어
구운 떡 위에 뿌린 후 통깨를 뿌린다.

Tue
점심 도시락

감잣국 + **우엉볶음·더덕고추장장아찌**주먹밥

감잣국의 감자는 들기름에 넣고 약간 투명해질 때까지 볶아야 기름이 따로 겉돌지 않는다.
강한 불에 볶으면 타므로 중간 불에 볶을 것.
부추를 넣어 만드는 **주먹밥**은 별다른 재료 없이도 씹히는 맛과 향이 좋다.
주먹밥의 속 재료는 물기가 적은 밑반찬류라면 무엇이든 잘 어울린다.

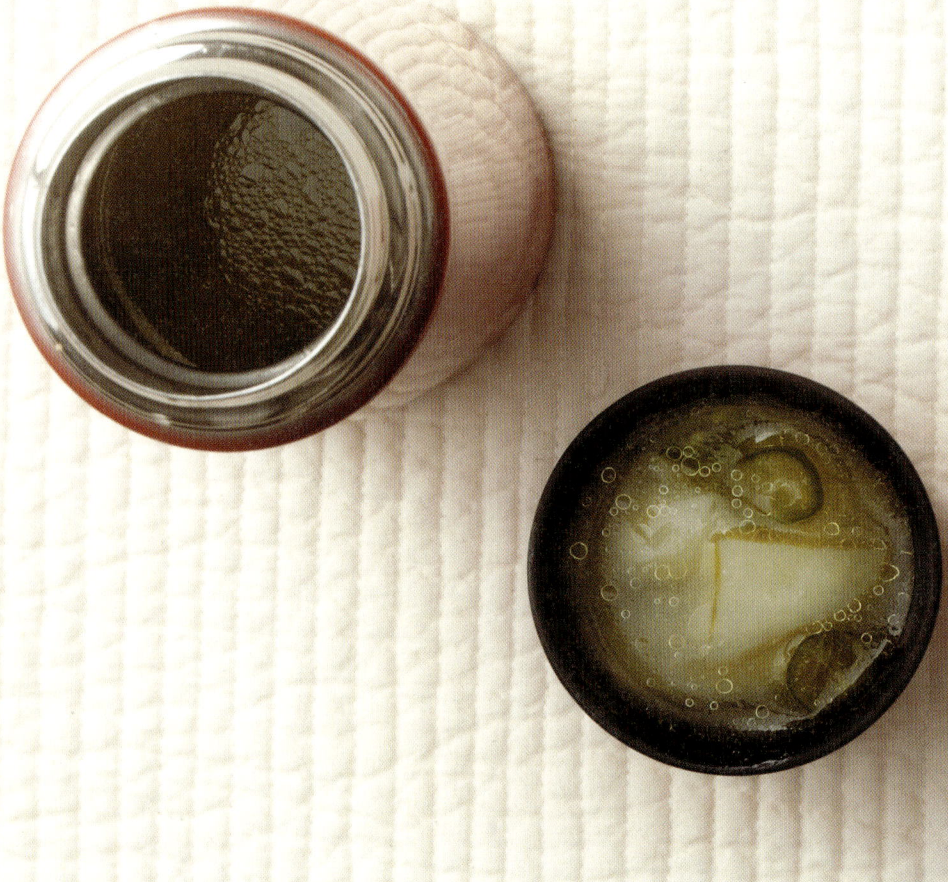

감잣국

감자 1개
풋고추 1/2개
들기름 1큰술
소금 약간
물 2컵

1.

감자는 먹기 좋은 크기로 나박나박하게 썰고
풋고추는 송송 썬다.

2.

달군 냄비에 들기름을 두른 후
감자를 넣고 달달 볶아 약간만 익힌다.

3.

❷에 물을 붓고 감자가 익을 때까지
끓이다가 송송 썬 풋고추를 넣고
소금으로 간한다.

우엉볶음·더덕고추장장아찌주먹밥 

밥 2공기
부추 1/2줌
우엉볶음 2큰술
↳225쪽 참고
더덕고추장장아찌 2큰술
↳224쪽 참고
통깨 1큰술
참기름 1큰술
소금 약간

1.
부추는 깨끗이 씻어 송송 썬다.

2.
볼에 밥과 부추, 통깨, 참기름,
소금을 넣고 골고루 섞는다.

3.
우엉볶음과 더덕고추장장아찌는
작게 다진다.

4.
❷를 4등분한 뒤 각각 ❸을 넣고
동그랗게 뭉쳐 주먹밥을 만든다.

Tue
저녁 밥상

홍합탕 + **애호박부침**나물 + **배추**된장나물

홍합을 손질할 때 겉면은 거친 수세미로 씻고 수염은 가위로 잘라내면 편리하다.
토마토나 피망을 넣어서 이탈리아풍으로 응용해도 좋다.
애호박은 너무 두껍게 썰면 익히는 시간이 오래 걸리므로 얇게 저며 썬다.
애호박이 반투명해지면 다 익은 것.
배추된장나물은 푹 익혀 만들기 때문에 약간 질긴 겉잎을 활용해도 좋다.

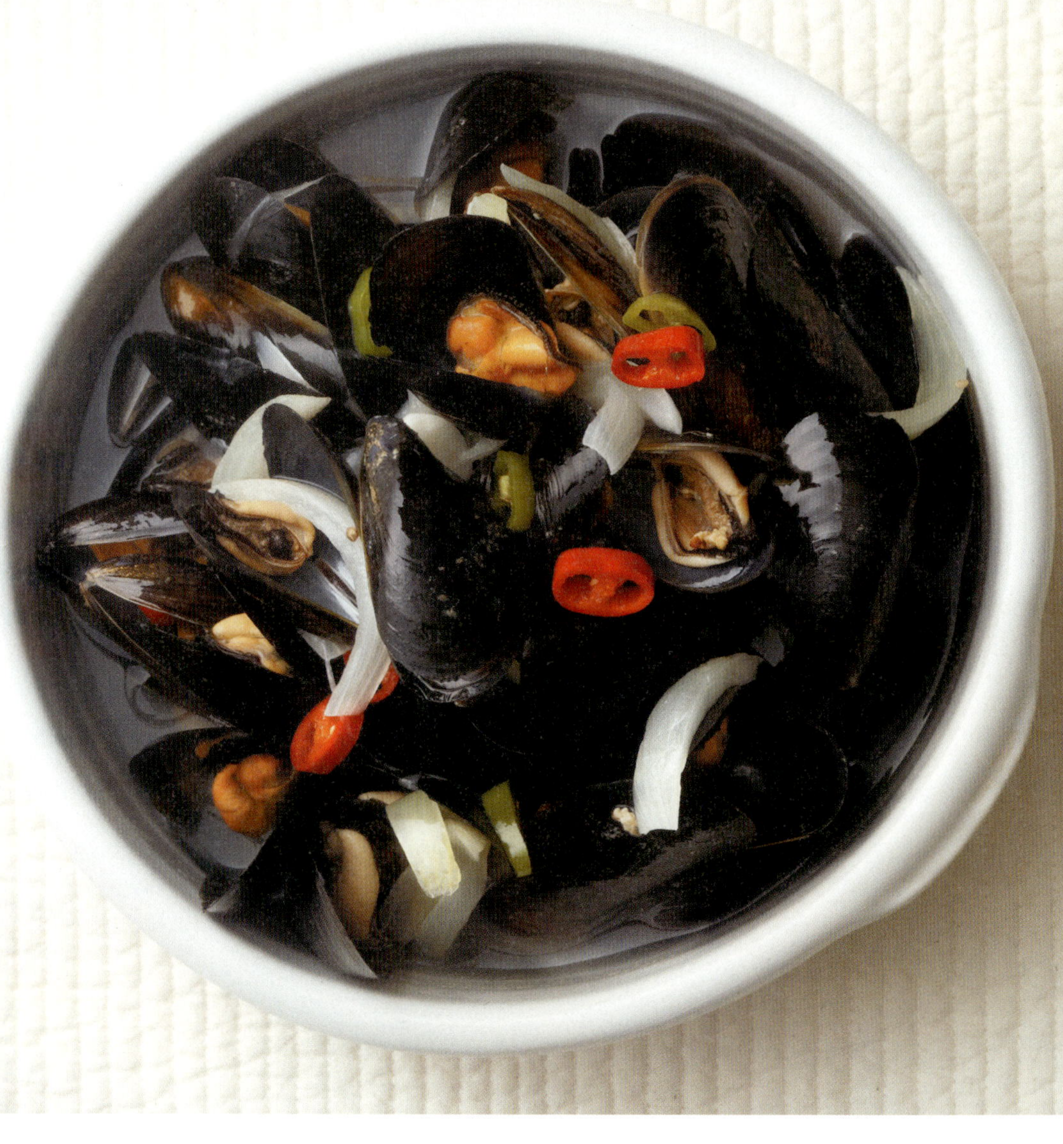

홍합탕 

홍합 1팩
풋고추·붉은 고추 1개씩
양파 1개
마늘 4쪽
물 6컵

1.
홍합은 껍데기를 깨끗이 씻고
수염을 떼어낸다.

2.
고추는 송송 썰고
양파는 도톰하게 채 썬다.
마늘은 2등분으로 저며 썬다.

3.
냄비에 손질한 채소와 물, 홍합을 넣고
채소와 홍합이 익을 때까지 삶는다.

홍합을 삶을 때 물을 넉넉히 부어 삶은 후
홍합 삶은 물을 4컵 정도 남겨두면
다음 날 홍합칼국수나 죽 등의 메뉴로
응용할 수 있습니다.

애호박부침나물 

애호박 2/3개
참기름 1큰술
간장 1큰술
부침용 기름 약간

1.
애호박은 동그란 모양을 살려 0.3cm 폭으로 썬다.

2.
달군 팬에 기름을 두르고 애호박을 넣어 노릇하게 부친다.

3.
애호박이 익으면 참기름과 간장을 섞어 뿌리고 버무린다.

배추된장나물

배춧잎 16장

양념 재료
된장 3큰술
참기름 1작은술
통깨 약간

1.
배춧잎은 길이로 반 갈라 2cm 폭으로 어슷하게 썬 후 끓는 물에 넣어 데치고 물기를 꽉 짠다.

2.
볼에 양념 재료를 넣어 골고루 섞고 배춧잎과 버무린다.

홍합 삶은 물은 이미 간이 다 되어 있어 떡만 넣으면 쉽게 떡국을 끓일 수 있다.
아침 대신 점심, 저녁 식사로 소면을 넣어 먹어도 좋다.
떡국용 떡은 미리 불려두었다가 넣어야 먹기에 좋다.
냉동실에 두었던 것을 바로 넣으면 갈라질 수 있으니 전날 밤 미리 불려둔다.

홍합떡국

떡국용 떡 2줌
홍합 삶은 물 4컵
238쪽 참고
소금 약간
후춧가루 약간

1.
떡국용 떡은 미리 물에 담가
불려놓는다.

2.
불린 떡을 건져 홍합 삶은 물에 넣고
10~15분 정도 끓인다.

3.
떡이 퍼지면 소금, 후춧가루로 간한다.

배추된장나물비빔밥 + 달걀국

된장으로 무친 **나물**은 밥과 함께 비비면 싱거워지기 때문에
도시락 쌀 때 양념장을 추가로 준비하자. 양념장은 취향에 따라서 선택할 것.
달걀국은 물이 끓으면 중간 불로 줄이고 푼 달걀을
동그라미를 그리듯 둘러 넣으면 서로 엉기면서 익어 식감이 좋다.
너무 강한 불에서 익히면 달걀이 완전히 익어서 딱딱해지고
약한 불에서 넣으면 달걀이 익지 않고 풀어져 지저분해지기 때문에 불 조절이 중요하다.

배추된장나물비빔밥

밥 2공기
배추된장나물
↳239쪽 참고

된장고추장양념장
된장 2큰술, 고추장 2큰술
참기름 1큰술, 통깨 약간

볼에 된장과 고추장, 참기름, 통깨를
넣고 골고루 섞는다.

양파간장양념장
양파 1/4개, 조선간장 2큰술, 물 2큰술

양파를 곱게 다진 후 볼에
간장, 물과 함께 넣고 골고루 섞는다.

부추양념장
부추 4줄기, 고춧가루 1큰술
조선간장 2큰술, 물 1큰술

부추를 송송 썬 다음 볼에 고춧가루,
간장, 물과 함께 넣고 골고루 섞는다.

세 가지 양념장 중 선택해서 비벼 드세요.

달걀국

달걀 2개
부추 1/2줌
멸치 10마리
다시마(5×5cm) 1장
소금 약간
후춧가루 약간
물 2컵

1.
멸치는 머리와 내장을 제거하고
다시마는 겉면을 씻은 후 물과 함께
냄비에 넣어 15분 정도 끓인다.

2.
달걀은 곱게 풀고
부추는 4cm 길이로 썬다.

3.
❶의 국물이 우러나면 건더기는 건져내고
중간 불에서 달걀을 풀어 넣은 다음
한소끔 끓이다가 부추를 넣고
소금, 후춧가루로 간한다.

Wed
저녁 밥상
굴국 + 배추볶음 + 명태찜

굴은 오랫동안 익히면 딱딱해지므로 마지막에 넣어 한소끔만 끓여낸다.
배추볶음은 배추의 겉잎을 활용해도 좋고
간장 대신 소금, 된장, 고추장으로 간해도 맛있다.
명태찜은 식초나 청주를 약간 뿌리거나
다진 마늘을 조금 올려 찌면 비린내도 줄고 식감이 좋아진다.

굴국

굴 1봉
무(1cm) 1토막
풋고추 · 붉은 고추 1개씩
다진 마늘 1작은술
조선간장 2큰술
소금 약간
물 4컵

1.
굴은 소금으로 살살 문질러 씻는다.

2.
무는 먹기 좋은 크기로 나박나박하게 썰고
고추는 송송 썬다.

3.
냄비에 무와 물, 다진 마늘을 넣고 끓인다.

굴국을 넉넉하게 끓여서 남았을 때
떡국용 떡을 넣고 떡국을 끓이거나
소면을 말아 먹어도 좋고
녹말물을 넣고 소스를 만들어
굴덮밥으로 활용해도 좋습니다.

4.
무가 익어 투명해지면
굴과 고추를 넣어 끓이고
굴이 익으면 소금과 간장으로 간한다.

배추볶음

배춧잎 8장
들기름 2큰술
간장 1큰술

1.
배추는 깨끗이 씻어
2cm 폭으로 썬다.

2.
냄비에 들기름을 두르고
달군 후 배추를 넣고 볶
다가 숨이 죽으면 간장
을 넣고 골고루 볶는다.

명태찜

명태살(전용) 8장
풋고추·붉은 고추 1개씩
양파 1/2개
조선간장 2큰술
통깨 약간
후춧가루 약간

1.
고추와 양파는 모두 잘
게 다진 후 조선간장,
통깨를 넣고 골고루 섞
는다.

2.
명태살에 후춧가루를
뿌리고 김이 오른 찜기
에 올려 반 이상 익을
때까지 5분 정도 찐다.

3.
❷에 ❶을 뿌리고 3분
정도 더 익힌 후 꺼낸다.

무는 익으면 달큼한 맛이 나므로 칼칼한 양념장을 곁들이면 좋다.
무는 밥과 함께 먹기 좋은 정도의 크기로 썰 것.

무밥

불린 쌀 1컵
무(2cm) 1토막
물 1컵

양념장 재료
풋고추·붉은 고추 1개씩
조선간장 2큰술
통깨 1큰술

1.
무는 깨끗이 씻어 작게 깍둑 썬다.

2.
뚝배기에 불린 쌀과 물을 넣고
위에 무를 올려 밥을 짓는다.

3.
고추를 곱게 다진 후 통깨, 간장과 섞어
양념장을 만들어 곁들인다.

굴덮밥 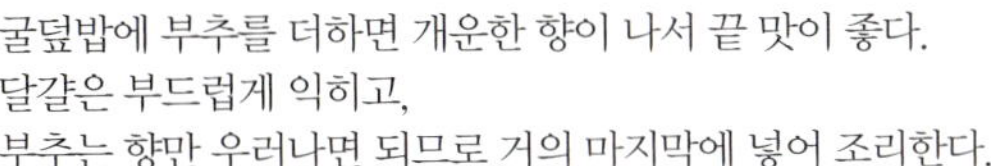

굴덮밥에 부추를 더하면 개운한 향이 나서 끝 맛이 좋다.
달걀은 부드럽게 익히고,
부추는 향만 우러나면 되므로 거의 마지막에 넣어 조리한다.

밥 2공기
굴국 2인분
↳248쪽 참고
달걀 2개
부추 1줌
양파 $1/2$개
참기름 2큰술
녹말물 3큰술
(녹말가루 3큰술+물 3큰술)

1.
달걀은 곱게 풀고
부추는 4cm 길이로 썬다.
양파는 채 썬다.

2.
팬에 참기름을 두르고
양파를 넣어 볶는다.

3.
양파가 익으면 굴국을 붓고 끓으면
달걀과 부추를 넣은 후
녹말물을 풀어 농도가 걸쭉해지면
밥과 함께 낸다.

우엉잡채 + **무**나물 + **배추**고추장된장찌개

우엉은 얇게 썰수록 맛이 좋다. **우엉잡채**는 아작아작한 식감을 즐길 수 있도록
오랫동안 익히기보다는 휘어질 정도로 부드러운 상태까지만 익힐 것.
무나물은 무를 써는 방향이 중요하다. 세로 방향으로 길게 썰면 익힐 때 끊어지지 않고 부드럽게 익는다.
배추고추장된장찌개는 칼칼하면서 구수한 맛이 나는데
고추장과 된장의 비율을 달리하면 또 다른 맛이 나니 취향에 따라 조절해도 좋다.

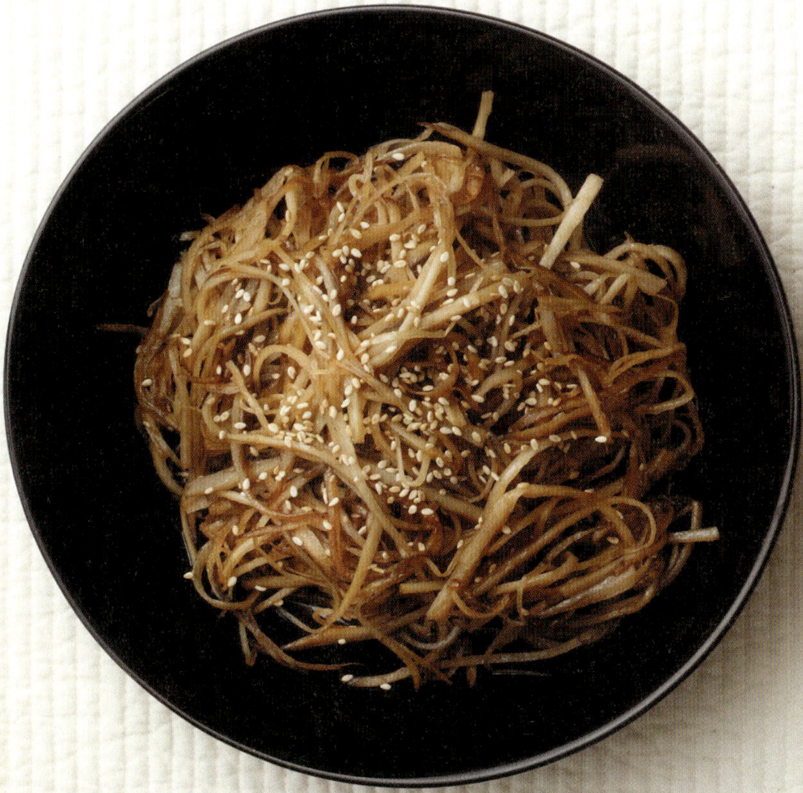

우엉잡채 

우엉 1대
참기름 3큰술
카놀라유 3큰술
조선간장 3큰술
설탕 3큰술
통깨 약간

1.
우엉은 부드러운 수세
미로 문질러 씻은 후
10cm 길이로 가늘게
채 썬다.

2.
달군 팬에 참기름과 카놀
라유를 두르고 채 썬 우
엉을 넣어 달달 볶는다.

3.
우엉이 부드러워지면
조선간장, 설탕을 넣고
골고루 버무린 후 통깨
를 뿌린다.

무나물

무 1/4개
통깨 1큰술
소금 약간
물 1/2컵

1.
무는 0.5cm 굵기로 채
썬다.

2.
냄비에 무를 넣고 소금
을 뿌린 후 물을 넣어
끓으면 약한 불에서 뚜
껑을 덮고 끓인다.

3.
10분 정도 익혀 무가
숨이 죽고 투명해지면
통깨를 갈아 넣고 살살
버무린다.

배추고추장된장찌개

배춧잎 8장
감자 1개
애호박 1/6개
양파 1/2개
고추장 1큰술
된장 1큰술
물 3컵

1.
배춧잎은 한 입 크기로 네모지게 썰고
감자, 애호박, 양파는
사방 1.5cm 크기로 깍둑 썬다.

2.
냄비에 채소와 물을 넣고 끓인다.

3.
❷의 채소가 반 정도 익으면
고추장, 된장을 넣고 푹 끓인다.

찌개를 넉넉히 끓여 남았다면 다음 날 밥을
넣고 끓여 국밥으로 즐기면 좋습니다.

배추된장국밥

배추된장국밥은 아침에 후루룩 먹기에 좋다.
찌개는 짭조름하기 때문에 물을 넣고 농도를 연하게 하여 밥을 말아 먹는다.

밥 2공기
배추고추장된장찌개 1컵
↘256쪽 참고
풋고추 · 붉은 고추 1개씩
물 1컵

1.
고추는 송송 썬다.

2.
냄비에 배추된장찌개와
물을 넣고 끓인다.

3.
❷에 송송 썬 고추를 넣은 후
뜨거울 때 밥 위에 붓는다.

우엉잡채덮밥 + 무생채

고추를 넣어 매콤한 맛을 더한 **우엉잡채**는 식어도 맛있어 도시락 메뉴로 좋다.
숟가락으로 떠먹기 편리하게 굵게 다지듯이 잘라서 담을 것.
무생채는 도시락을 포장해서 가는 동안 간이 배어 맛이 더 좋아진다.

우엉잡채덮밥

밥 2공기
우엉잡채 2인분
↳257쪽 참고
풋고추 · 붉은 고추 2개씩
통깨 약간

1.
고추는 길이로 반 갈라
씨를 제거한 후 곱게 어슷 썬다.

2.
달군 팬에 우엉잡채와 고추를 넣고
골고루 섞어 볶은 후 밥 위에 얹고
통깨를 뿌린다.

무생채

무 1/4개

양념 재료
고춧가루 2큰술
식초 3큰술
설탕 3큰술
소금 1작은술

1.
무는 6cm 길이로 가늘게 채 썬다.

2.
볼에 양념 재료를 넣고 골고루 섞어
채 썬 무와 버무린다.

Fri
저녁 밥상

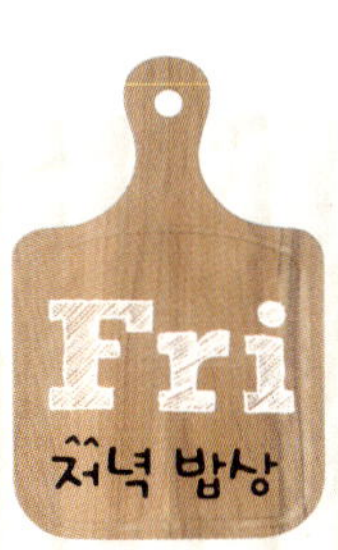

배추전과 마늘간장 + **뭇국**

배추전은 배추를 눌러가면서 익히면 숨이 죽으면서 골고루 익는다.
너무 뻣뻣한 잎보다는 중간 정도의 잎이 적당하다.
뭇국에는 소고기를 함께 넣어 소고기뭇국을 끓여도 좋다.
무를 참기름에 충분히 볶아 무에 참기름이 배이도록 해야
기름이 겉돌지 않고 시원한 맛이 난다.

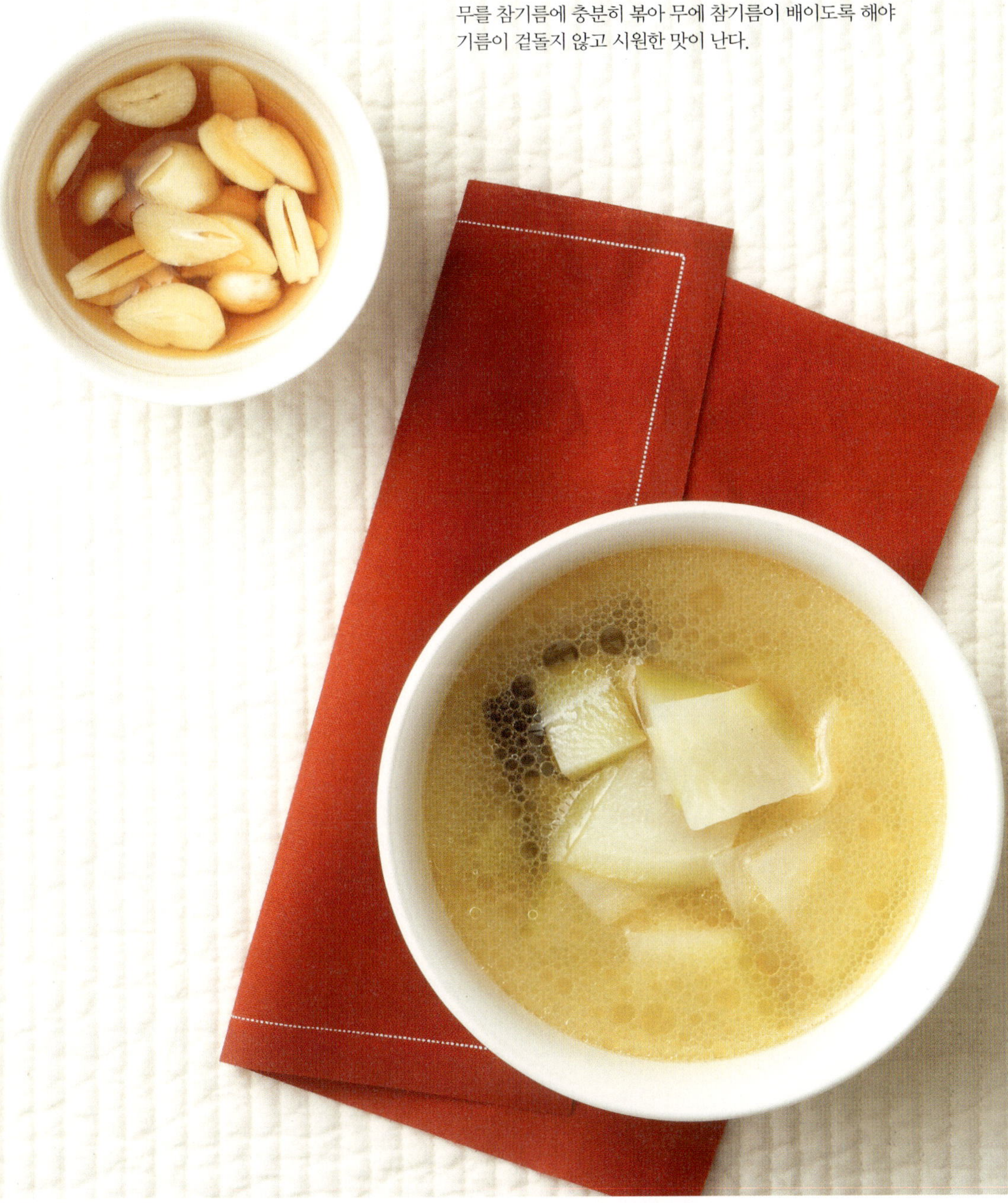

배추전과 마늘간장

배춧잎 4장
밀가루 1/2컵
부침용 기름 약간
물 1/2컵

마늘간장 재료
마늘 4쪽
간장 2큰술
식초 1큰술

1.
볼에 밀가루와 물을 넣고
골고루 풀어 섞는다.

2.
배춧잎에 ❶의 부침옷을 입힌다.

3.
달군 팬에 기름을 두르고
❷의 배춧잎을 넣어
양면을 노릇하게 부친다.

4.
마늘을 얇게 저며 썬 후
간장, 식초와 함께 골고루 섞어
곁들인다.

뭇국

무(2cm) 1토막
다시마(5×5cm) 1장
참기름 2큰술
조선간장 약간
소금 약간
물 2컵

1.
무는 나박나박하게 썬다.

2.
냄비에 참기름을 둘러 달궈지면
무를 넣고 볶아 반 정도 익힌다.

3.
❷에 물과 다시마를 넣고 끓여
무가 투명해지면 조선간장과
소금으로 간한다.

부추달걀비빔밥 + 감자양파마늘볶음

부추달걀비빔밥은 전날 밤 부추만 미리 송송 썰어두면
아침에 간단하게 완성할 수 있는 메뉴다.
감자볶음의 감자는 미리 물에 담가놓아야 녹말기가 없어진다.
이 과정을 거치지 않으면 볶으면서 감자가 팬에 눌어 붙으니 주의할 것.

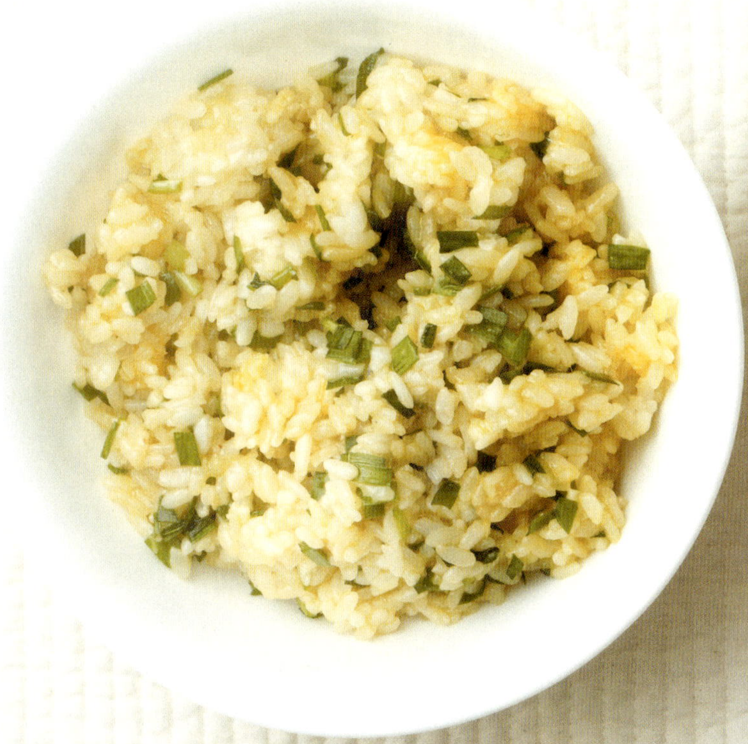

부추달걀비빔밥

뜨거운 밥 2공기
부추 1/2줌
달걀 2개
조선간장 1큰술
참기름 1큰술

1.
부추는 송송 썬다.

2.
뜨거운 밥에 달걀을 넣고
골고루 비빈다.

3.
❷에 송송 썬 부추, 조선간장,
참기름을 넣고 골고루 비빈다.

감자양파마늘볶음

감자 2개
양파 1/2개
마늘 4쪽
카놀라유 2큰술
소금 약간
후춧가루 약간

1.
감자와 양파는 가늘게 채 썰고
마늘은 얇게 저며 썬다.

2.
❶의 감자를 물에 담가 녹말기를 뺀다.

3.
달군 팬에 카놀라유를 두르고
감자, 양파, 마늘을 넣어
모두 익을 때까지 볶는다.

4.
❸에 소금과 후춧가루를 넣어 간한다.

술안주로 좋은 피시앤칩스는 생선을 미리 냉동실에서 냉장실로 옮겨 해동해놓아야 편리하다.
피시앤칩스와 함께 먹는 타르타르소스는 간장을 살짝 넣어 간을 하면 감칠맛이 더해진다.
다진 양파는 씹는 맛이 있도록 약간 굵게 썰고, 피클이나 할라피뇨 또는 절인 고추가 있다면 곁들여도 맛이 잘 어울린다.

피시앤칩스

명태살(전용) 16장
냉동 감자 2줌
밀가루 1$^1/_4$컵
달걀 1개
후춧가루 약간
튀김용 기름 3컵
물 $^1/_2$컵

소스 재료
다진 양파 2큰술
마요네즈 4큰술
식초 1큰술
조선간장 1큰술

1.
명태살에 후춧가루를 뿌린 다음
쟁반에 밀가루 $^1/_4$컵을 뿌려
펼쳐놓고 명태살을 올려
밀가루옷을 얇게 입힌다.

2.
달걀, 밀가루 1컵, 물을 섞어
반죽을 만든 후 ❶의 명태살을 넣고
튀김옷을 입힌다.

3.
냄비에 기름을 넣고 가열한 후
반죽을 조금 떨어뜨려보아
반죽이 위로 떠오르면
냉동 감자를 넣어 7분 정도 튀긴다.
❷의 명태살도 넣어 10~15분 정도 튀긴 후
종이타월에 올려 기름을 빼고
후춧가루를 뿌린다.

4.
소스 재료를 골고루 섞어 곁들인다.

스마트한 **식단 구성** 원칙

'오늘은 뭘 해 먹지?' 늘 고민거리다.
식단을 스마트하게 구성하는 원칙만 알아두면
메뉴가 쏙쏙 떠오르게 될 테니 이제부터 직접 도전해보자.
몇 분만 집중해 투자하면 일주일은 물론 한 달이 든든해지고,
장보기와 냉장고 정리도 척척 해결될 것이다.

Rule 1. 일주일 동안 먹을 수 있는 단단한 채소류, 당장 먹을 고기류, 냉동실에 넣어두고 주 후반부에 먹을 수 있는 냉동식품, 실온에 두고 일주일 내내 먹을 수 있는 보관 가능한 제품 등을 빠짐없이 구성한다.

Rule 2. 장을 본 날 점심은 지치므로 간단하게 먹을 수 있는 일품요리를 생각한다.

Rule 3. 장을 본 날 저녁은 싱싱할 때 먹어야 할 것으로 푸짐하게 먹을 수 있도록 구성한다.

Rule 4. 일요일에 장을 보면 일주일 저장 반찬 세 가지를 만들어 일주일 내내 두고 먹는다.

Rule 5. 아침은 부담스럽지 않은 선에서 죽, 수프, 주스, '굿나이트-굿모닝 메뉴'(비교적 시간이 여유로운 저녁 시간에 만들어 먹은 별미를 남겨두었다가 아침에 약간의 품만 더해 만드는 사이클 메뉴)를 활용하여 구성한다.

Rule 6. 월요일 점심은 신선한 밑반찬과 함께 가볍게 준비한다.

Rule 7. 전날 넉넉하게 요리하여 다음 날 점심 메뉴에 볶음밥, 덮밥, 샌드위치 등으로 변신시킨다.

Rule 8. 모든 메뉴에 네 가지 양념과 조리법을 활용할 수 있다. 된장, 간장, 고추장, 간장+고춧가루를 활용하여 볶고, 조리고, 찌고, 끓이면 같은 재료도 모두 다른 맛이 난다.

Rule 9. 한 번에 많이 구입한 과일은 얼리거나 설탕으로 절인다. 과일을 얼려두면 출출할 때 주스, 셔벗, 아침 식사 대용으로 활용할 수 있다. 토마토는 껍질을 벗기고 얼리면 더욱 좋다. 수분이 많은 배, 참외, 수박 등은 갈아 먹으면 더욱 시원하고 수분이 없는 바나나, 파인애플 등은 아이스크림처럼 먹을 수 있다.

Rule 10. 남은 채소는 피클과 장아찌로 변신시킨다. 두고두고 먹는 저장식이 되어 반찬 없을 때 좋고 비빔밥, 볶음밥, 파스타 등과 먹기에 편리하다.

당일 1시간 만에 완성하는 **손님상**

신 혼 집 들 이 나 내 집 마 련 집 들 이 를
엄마, 언니, 친한 이웃을 총동원해 치르는 것도 한두 번.
더 이 상 민 폐 끼 치 고 싶 지 않 다 면 참 고 하 자.
집 들 이 당 일 은 최 소 한 의 조 리 과 정 만!
전날 최대한 미리 손질해둘 수 있는 메뉴들로만 구성할 것.
중식, 한식, 양식 한꺼번에 이것저것 욕심 내지 말고
친구·회사 동료·부모님 초대 상황별로 테마를 정하면
더욱 기억에 남는 그럴싸한 손님상이 될 것이다.

Ready
요리 준비

전날 미리 준비해둘 수 있는 것들은 모두 손질해서 밀폐용기에 담아
냉장고에 보관하거나 서빙 할 접시에 예쁘게 담아둔다.
손님 초대 당일 드레싱만 뿌리거나 고명만 올리면 되도록 준비하는 것.
당일에는 데우기, 튀기고 굽기 등 불 위에서 조리한 후 바로 내놓는 단계만 한다.

Table Setting
상차림 준비

테이블_ 거실 테이블이나 교자상 등을 활용하며,
뷔페식으로 높은 식탁에 음식을 마련해두고 아래쪽 상에 앉아서 식사를 하도록 한다.

테이블클로스와 매트, 냅킨_ 일회용으로 준비하면 편리하다.
단, 식당에서나 볼 법한 일회용 클로스는 무례해 보일 수도 있다.
코스트코나 듀니 www.duni.co.kr 에서 다양한 디자인의 고급스러운 일회용품을 구입할 수 있다.

개인접시, 수저, 컵, 서버_ 중간에 바꿔서 사용할 접시나 떨어뜨릴 수 있는 기물들,
술을 마실 컵 등은 여유 있게 준비해 한쪽에 쌓아두는 것이 좋다.

손님상 메뉴는 모두 **6인** 기준 레시피다.

주말 점심, **친구들과 이탈리안 브런치**

친구들끼리의 모임이므로 편하게 먹을 수 있는 음식들도 부담 없다.
가벼운 샐러드와 한식에 비해 의외로 조리 과정이 간단한 파스타, 그라탱, 디저트 등으로 준비한다.
이탈리안 상차림은 집들이 메뉴로도 좋지만 부부의 결혼기념일 등 이벤트를 위한 상차림에도 제격이다.

고르곤졸라피자
등갈비구이
감자케이크

☐ **새송이버섯** 2개　☐ **참타리버섯** $1^1/_2$팩(100g)　☐ **양파** $1^1/_2$개

☐ **로메인레터스** 2포기　☐ **베이컨** 3줄　☐ **피자치즈** $1^1/_2$컵

☐ **모둠해물**(시판 제품)
$1^1/_2$봉(200g)

☐ **등갈비** 2kg

☐ **아몬드** 8개

☐ **플레인 머핀** 2개

☐ **시저샐러드드레싱**(시판 제품) 6큰술

☐ **마늘** 16쪽
다진 마늘 5큰술

☐ **꿀** 2큰술

☐ **토마토파스타소스**(시판 제품) 375g

☐ **4가지 치즈소스**(시판 제품)
$1/_2$병(100g)

☐ **우유** $1/_2$컵

☐ **생크림** 1컵

☐ **감자** 4개

☐ **토르티야** 2장

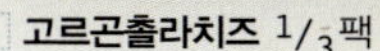

☐ **고르곤졸라치즈** $1/_3$팩

☐ **식빵** 2장

☐ **스파게티면**
3줌(3인분)

시저샐러드

로메인레터스는 요즘 마트에서 쉽게 구할 수 있는데
없다면 씹는 느낌이 아삭한 상추나 양상추로 준비한다.
앤초비 통조림을 구입해 굵게 다져 드레싱에 넣으면 금상첨화.

로메인레터스 2포기
식빵 2장
베이컨 3줄
시저샐러드드레싱 6큰술

1.
로메인레터스는 깨끗이 씻어
물기를 걷어낸 다음
종이타월로 감싸 비닐봉지에 넣어
냉장 보관한다.

2.
식빵은 깍둑 썰어 약한 불로 달군 팬에
넣고 굴려가며 노릇하게 구운 다음
밀폐용기나 비닐봉지에 보관한다.

3.
베이컨은 달군 팬에 바삭하게 구워
다진 다음 밀폐용기에 보관한다.

고르곤촐라피자

고르곤촐라치즈를 구하기 어렵다면 다른 종류의 블루치즈로 대체해도 된다.
혹은 고르곤촐라치즈 대신 견과류나 말린 과일을 올리고
피자치즈도 다른 치즈로 대체해 올려도 괜찮다.

토르티야 2장
피자치즈 1컵
고르곤촐라치즈 1/3팩
꿀 2큰술

1.
토르티야 위에 피자치즈를
골고루 올린다.

2.
고르곤촐라치즈를 한 조각씩 떠서
❶ 위에 골고루 올린 다음
종이호일을 깐 접시에 놓고
랩을 씌워 냉장 보관한다.

크림소스리소토

밥은 현미밥이나 보리밥같이 씹히는 맛이 있는 것도 좋다.
버섯 외에 해물이나 다른 채소를 넣어도 좋다.
생크림이 없다면 우유로 대신하는데 고소한 맛은 덜하지만 담백하게 먹을 수 있다.
시판 소스는 취향에 따라 토마토 소스나 칠리 소스 등으로 대체해도 된다.

밥 2공기
참타리버섯 $1/_2$ 팩(100g)
새송이버섯 2개
양파 1개
마늘 8쪽
올리브유 2큰술

크림소스 재료
4가지 치즈소스 $1/_2$ 병(100g)
생크림 $1/_2$ 컵
우유 $1/_2$ 컵
피자치즈 $1/_2$ 컵
물 $1/_2$ 컵

1.
버섯은 먹기 좋은 크기로 썰고
양파는 채 썬다.
마늘은 얇게 저며 썬다.

2.
달군 팬에 올리브유를 두른 후
❶을 넣고 노릇하게 볶는다.

3.
❷에 밥을 넣어 골고루 섞은 다음
뚜껑을 덮어둔다.
날이 더우면 한김 식혀
냉장고에 보관한다.

토마토소스파스타

시판하는 모둠해물 제품은 해물이 모두 손질되어 있어 조리하기에 편리하다.
해물 대신 다진 소고기나 찹스테이크처럼 썬 고기, 베이컨을 활용할 수도 있다.

스파게티 3줌(240g)
다진 마늘 1큰술
토마토파스타소스 1/2병(500g)
모둠해물 1봉
올리브유 2큰술

1.
냄비에 물을 끓여 스파게티를 넣고
적정 시간보다 1분 정도 덜 삶은 후
찬물에 헹궈 물기를 빼고 냉장 보관한다.

2.
달군 팬에 올리브유를 두른 후
마늘을 넣고 향이 나게 볶는다.

3.
❷에 모둠해물, 토마토파스타소스를 넣고
5분 정도 끓여 실온 혹은 냉장 보관한다.

등갈비구이

압력솥 대신 오븐에 구워도 맛있다.
양념장을 만들기가 번거롭다면 시판 바비큐소스를 활용해도 좋다.

등갈비 2kg
양파 1/2개
마늘 8쪽
물 2컵

양념장 재료
조선간장 6큰술
설탕 6큰술
다진 마늘 4큰술
후춧가루 약간
물 1컵

1.
등갈비는 2시간 정도 물에 담가
핏물을 뺀다.

2.
압력솥에 ❶의 등갈비와 마늘,
큼직하게 썬 양파, 물을 넣은 후
추가 울리면 약한 불로 줄여
10분 정도 익힌다.

3.
익은 등갈비를 먹기 좋은 크기로 썰고
양념장 재료는 미리 섞어
밀폐용기에 보관한다.

감자케이크

감자케이크는 오븐이 없어도 만들 수 있다.
플레인 머핀은 제과점용이 아닌 마트에서 판매하는 스펀지시트 같은 머핀을 활용한다.
감자 대신 고구마, 단호박으로 대체해도 좋다.

플레인 머핀 2개
감자 4개(600g)
생크림 1/2컵
설탕 6큰술
아몬드 8개

시럽 재료
설탕 4큰술
뜨거운 물 4큰술

1.
감자는 삶아서 껍질을 벗긴다.

2.
❶을 곱게 으깬 후 생크림,
설탕과 섞는다.

3.
머핀은 1cm 두께로 동그랗게
썰고 아몬드는 잘게 다진다.

4.
컵에 ❸의 머핀을 한 장 넣고
시럽이 머핀에 스미도록
충분히 바른다.

5.
❹에 ❷의 감자를 얹고
다진 아몬드를 뿌려 랩으로 감싼
다음 냉장 보관한다.

시저샐러드	**고르곤졸라**피자	**크림소스**리소토

4.
로메인레터스를 먹기 좋게 썰어 접시에 담아 드레싱을 뿌리고 구운 식빵과 베이컨을 올려 낸다.

3.
팬을 약한 불에 달군 후 피자를 넣어 뚜껑을 덮고 치즈가 녹을 때까지 10분 정도 익힌 다음 꿀을 곁들여 낸다.

4.
보관해둔 볶음밥에 치즈소스, 피자치즈, 생크림, 물을 넣고 골고루 버무리듯 섞으며 익힌다.

토마토소스파스타

4.

만들어둔 토마토소스를 달군 팬
에 넣어 끓이다가 삶은 스파게
티면을 넣어 골고루 섞는다.

등갈비구이

4.

달군 팬에 양념장과 고기를 넣
어 고기에 양념이 골고루 스며
들도록 10~15분 정도 익힌다.

감자케이크

6.

먹기 직전 냉장고에서 꺼내 트
레이에 올려 서빙한다.

평일 저녁, **회사 동료들과 차이니즈 펍**

주말보다는 평일 저녁 퇴근 후에 초대하는 것이 덜 부담스럽고, 식사와 술을 함께 할 수 있는 상차림이 좋다.
중식은 푸짐하게 차릴 수 있어서 식사 겸 술상으로 제격이다.
여러 가지 재료를 준비하기보다 소스를 다양하게 준비해 맛을 풍성하게 즐길 수 있도록 메뉴를 구성할 것.
예를 들어 같은 닭이라도 간장양념, 고추장양념 등으로 나누는 것이다.
튀김은 한 번에 많은 양을 할 수 있으므로 전날 밑 손질만 해두면 퇴근 후 조리하기에 좋다.

과일우유화채
동파육과 청경채
매운해물누룽지탕

Step 1 장보기

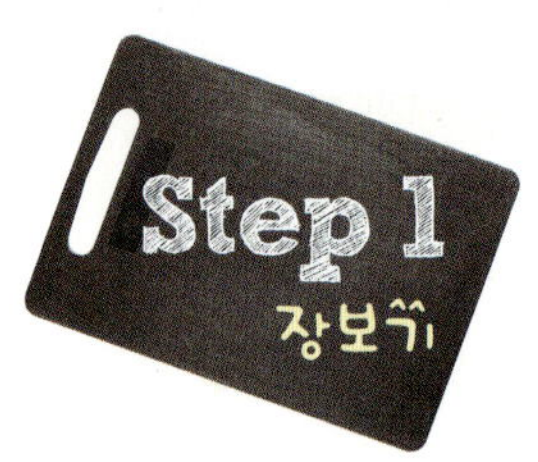

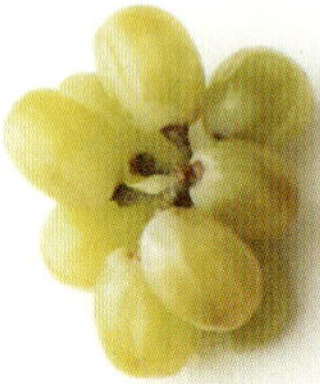

☐ **청포도** 10알

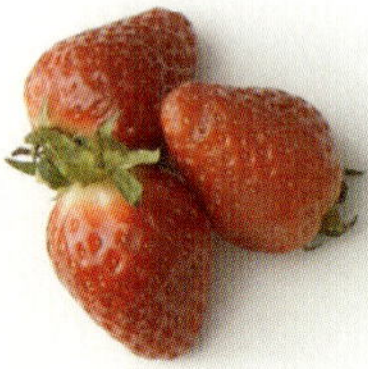

☐ **딸기** 10개

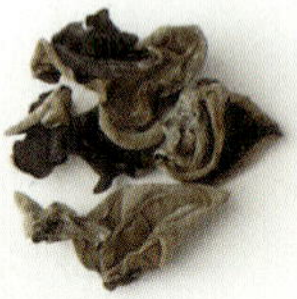

☐ **목이버섯** 4조각(8g)

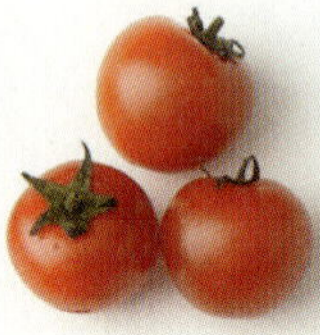

☐ **방울토마토** 8개

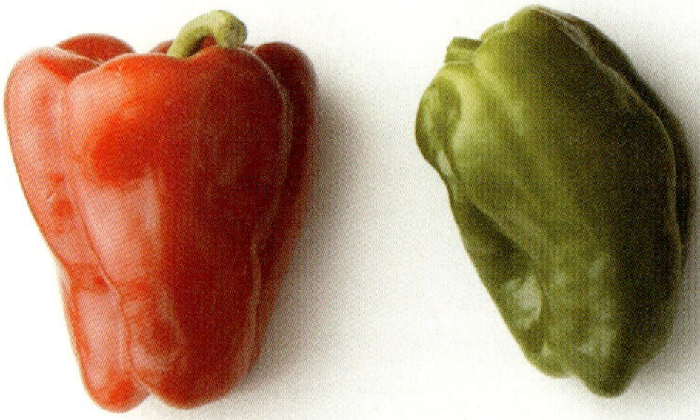

☐ **초록 피망 · 붉은 피망** 1개씩

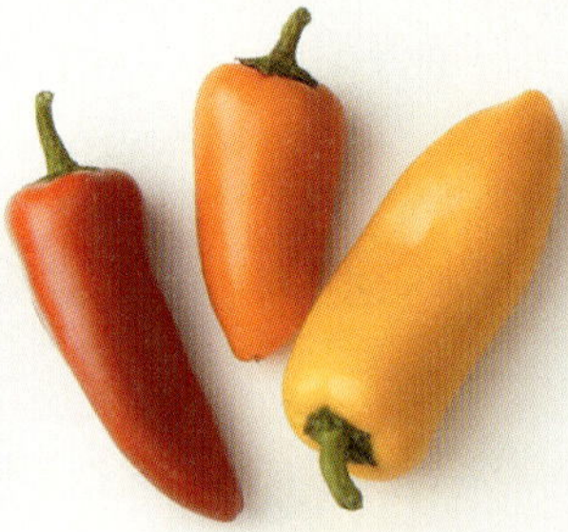

☐ **미니파프리카** 3개

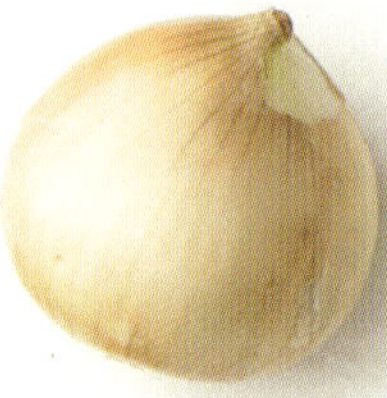

☐ **양파** 3/4개

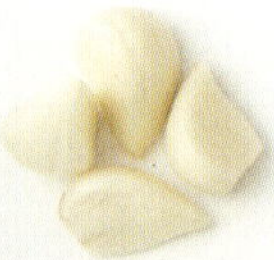

☐ **마늘** 10쪽

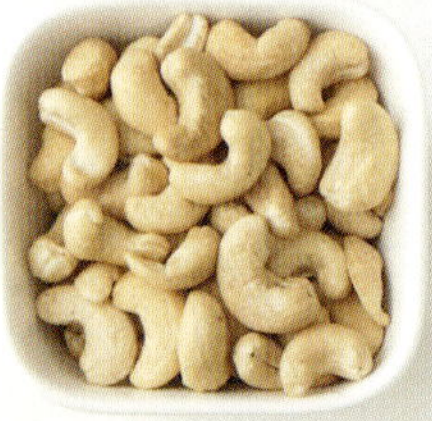

☐ **캐슈너트** 3큰술

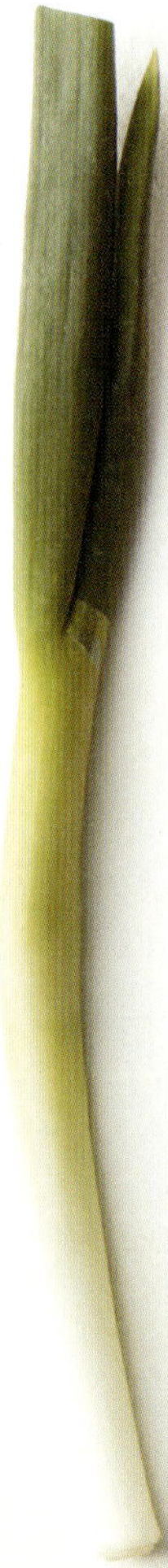

☐ **대파** 1대

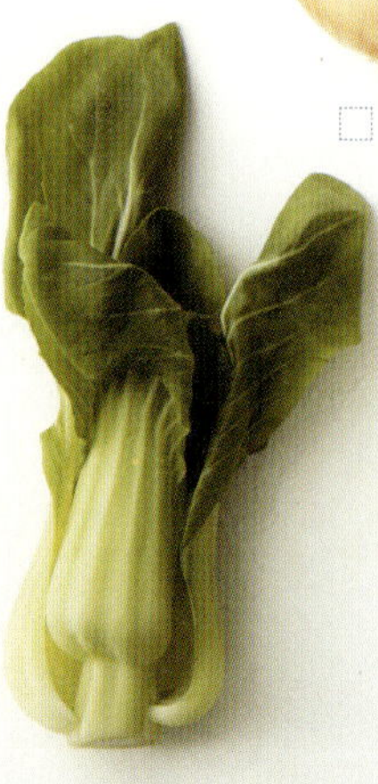

☐ **청경채** 6포기

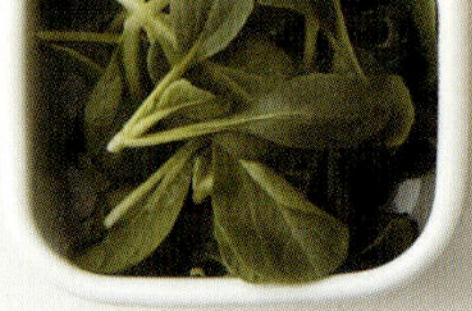

☐ **어린잎채소** 4줌(120g)

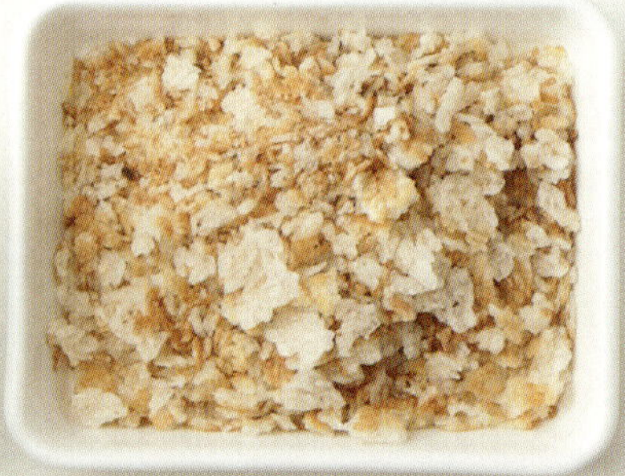

☐ **누룽지** 120g

□ 연유 3큰술
□ 칠리소스(시판 제품) 1통(290g)
□ 튀김가루 200g
□ 우유 1컵
□ 굴소스 6큰술
□ 땅콩버터 4큰술
□ 죽순 1/2캔
□ 홍합 20개
□ 통삼겹살 900g
□ 사이다 2 1/2컵
□ 칵테일새우 1봉(400g)
□ 모둠해물(시판 제품) 1/2봉(200g)
□ 꽃빵 1봉(15개)

꽃빵튀김과 연유

꽃빵은 주로 고추잡채와 곁들여 먹는 메뉴지만,
튀겨서 연유와 같이 먹으면 더 고소하고 색다르게 즐길 수 있다.
다른 재료를 튀기기 전 깨끗한 기름에 제일 먼저 튀길 것.

꽃빵 1봉
연유 3큰술
튀김용 기름

1.
오목한 팬에 기름을 붓고 170℃ 정도로
온도가 오르면 꽃빵을 넣고
노릇하게 2분 정도 튀긴 다음
기름기를 제거하고 밀봉해 실온 보관한다.

+
먹기 직전에 튀기면 더 맛있습니다.

땅콩소스채소샐러드

땅콩버터를 활용해 드레싱을 직접 만들어도 좋지만 시판 드레싱을 활용해도 무방하다.
어린잎채소는 가볍게 씻어서 물기만 빼면 별도로 손질하는 과정이 필요 없어서 편리하다.

어린잎채소 4줌
미니파프리카 3개
방울토마토 8개

소스 재료
땅콩버터 4큰술
조선간장 2큰술
식초 4큰술
설탕 1큰술
물 1/2컵

1.
어린잎채소는 찬물에 씻어 물기를 빼고
미니파프리카, 방울토마토는
먹기 좋은 크기로 썬 다음 모두 밀봉해
냉장 보관한다.

2.
볼에 소스 재료를 넣어 골고루 섞은 후
뚜껑을 덮거나 랩을 씌워
냉장 보관한다.

캐슈너트칠리새우

칠리새우는 시판 소스를 활용하면 쉽게 만들 수 있다.
캐슈너트 대신 땅콩이나 아몬드 등의 다른 견과류를 넣어도 좋다.
칠리소스 대신 마요네즈와 올리고당, 식초를 섞으면 크림새우로도 즐길 수 있다.

칵테일새우 1봉(400g)
캐슈너트 3큰술
양파 $1/_2$개
칠리소스 1통(290g)
튀김용 기름

마른 튀김옷 재료
튀김가루 100g

젖은 튀김옷 재료
튀김가루 200g
물 $1^1/_2$컵

1.
달군 팬에 기름을 두르고
굵게 다진 양파를 볶다가
칠리소스를 넣어 섞는다.
뚜껑을 덮어 실온 보관한다.

동파육과 청경채

압력솥이 없다면 일반 솥에 넣어 조금 더 오랫동안 익히면 된다.
젓가락으로 찔렀을 때 핏물이 나오지 않으면 다 익은 것이다.

통삼겹살 900g
청경채 6포기
대파 1대
마늘 6쪽
물 1컵

소스 재료
조선간장 4큰술
설탕 2큰술
녹말물 4큰술
(녹말 4큰술+물 4큰술)
물 1컵

1.
청경채는 4등분하여 끓는 물에 데친 다음
접시에 보기 좋게 담아 랩을 씌워
냉장고에 보관한다.

2.
압력솥에 삼겹살, 파, 마늘, 물을 넣고
끓여 추가 울리면 약한 불로 줄이고
10~15분간 더 삶는다.

3.
❷에서 삼겹살만 건져 달군 팬에 올리고
겉면이 노릇하게 굽는다.

4.
❸의 삼겹살을 0.8cm 두께로 썰어
밀폐용기에 담아 실온 보관한다.

매운해물누룽지탕

찹쌀 누룽지를 넣어도 좋지만 멥쌀 누룽지로 만들면
구수한 맛과 동시에 깔끔하고 시원한 맛이 나 술안주로 더 좋다.

누룽지 120g
모둠해물 $1/_2$봉(200g)
홍합 20개
죽순 $1/_2$캔
초록 피망 · 붉은 피망 1개씩
양파 $1/_4$개
마늘 4쪽
목이버섯 4조각
굴소스 6큰술
참기름 4큰술
고춧가루 1큰술
다시마물 6컵
(다시마 5×5cm 2장+물 6컵)
녹말물 3큰술
(녹말 3큰술+물 3큰술)

1.
목이버섯을 미지근한 물에 담가 불린다.

2.
불린 목이버섯과 죽순, 피망, 양파는
한 입 크기로 썰고 마늘은 저며 썬 다음
모두 밀봉해 냉장 보관한다.

과일우유화채

재료만 있으면 뚝딱 만들 수 있는 메뉴. 딸기, 청포도외에 제철 과일을 활용하면 된다.
단, 갈변하는 사과 같은 과일은 미리 손질하지 않고 당일에 손질한다.

딸기 10개
청포도 10알
우유 1컵
사이다 $2^1/_2$컵
얼음 1컵

1.
딸기와 청포도는 찬물에 씻은 후
딸기는 반으로 잘라 청포도와 함께
밀폐용기에 담아 냉장 보관한다.

꽃빵튀김과 연유

2.

튀긴 꽃빵을 접시에 둘러 담고
연유를 곁들여 낸다.

땅콩소스 채소샐러드

3.

손질해둔 채소를 접시에
둘러 담고 땅콩소스를 뿌린다.

캐슈너트 칠리새우

2.

칵테일새우에 마른 튀김옷,
젖은 튀김옷을 순서대로 입힌 후
170℃로 달군 팬에 넣어
노릇하게 튀긴다.

3.

만들어둔 칠리소스를 팬에 넣고
바글바글 끓으면
튀긴 새우를 넣고
골고루 뒤섞어 그릇에 담은 후
캐슈너트를 뿌린다.

동파육과 청경채	**매운해물**누룽지탕	**과일우유**화채

5.
썰어둔 고기와 녹말물을 제외한
소스 재료를 냄비에 넣어
15분 정도 끓인다.

3.
달군 팬에 참기름을 두르고
손질해둔 채소와 버섯, 해물,
고춧가루를 넣어 볶는다.

2.
볼에 우유, 사이다, 얼음을 넣어
골고루 섞은 후 전날 손질해둔
과일을 넣는다.

6.
❺에서 고기를 건진 다음
녹말물을 둘러 넣어
걸쭉하게 소스를 만든다.
청경채를 담아놓은 접시에
고기를 올리고 소스를 뿌린다.

4.
채소와 해물의 겉면이 노릇해지면
다시마물과 누룽지를 넣어
10분 정도 끓인다.

5.
❹에 굴소스를 넣어 간하고
녹말물을 풀어 농도를
걸쭉하게 만든다.

주말 저녁, **부모님과 정갈한 한식 디너**

부모님과 함께하는 상차림은 너무 이색적인 요리나 퓨전 음식보다는
자극적이지 않으면서 건강을 생각한 메뉴가 좋고, 부모님의 취향을 고려하면 더욱 좋다.
메뉴는 뼈가 있고 발라 먹기 어려운 것보다는 먹기 편리하고 부드러워 씹기에 좋은 것으로 하는 것이 좋다.

전복새우볶음
닭고기냉채

☐ **양파** 1개　　　　☐ **단호박** 1/4개

☐ **귤**(후식용) 적당량　　　　☐ **사과**(후식용) 적당량

☐ **전복** 4개
　 새우 20마리　　☐ **닭고기 안심** 6쪽(250g)　　☐ **붉은 고추** 3개
　　　　　　　　　　　　　　　　　　　　　　　　 풋고추 2개　　☐ **애호박** 1/4개　　☐ **오이** 1개

☐ **소고기**(편육용) 400g　　　　☐ **두부** 1모　　　　☐ **연두부** 2모

☐ **마늘** 4쪽   ☐ **대추** 4개   ☐ **잣** 2큰술   ☐ **은행** 12알   ☐ **연근** 10cm

☐ **영양부추** 1줌   ☐ **쑥갓** 1줌   ☐ **쌈채소** 10장   ☐ **실파** 4줄기   ☐ **대파** 1대   ☐ **우엉** 1/2대

☐ **들깨** 4큰술

☐ **참깨소스**(시판 제품) 4큰술

☐ **오리엔탈소스**(시판 제품) 6큰술

☐ **새송이버섯** 2개

☐ **표고버섯** 2개

연두부참깨소스샐러드

부드러운 연두부는 부모님이 드시기에 좋고, 참깨소스와 아주 잘 어우러진다.
참깨소스 대신 오리엔탈소스나 유자드레싱 등도 추천한다.

쑥갓 1줌
붉은 고추 1개
연두부 2모
참깨소스 4큰술

1.
쑥갓은 깨끗이 씻어 4cm 길이로
썰고 붉은 고추는 송송 썰어
밀봉해 냉장 보관한다.

닭고기냉채

닭고기는 안심 대신 가슴살로 대체해도 좋다.
단, 가슴살을 활용할 경우는 저며서 삶아야 더 빨리 익는다.
시판 소스는 샐러드드레싱과 겹치지 않는 연겨자소스나 과일류의 소스도 좋다.
단, 새콤한 맛이 나도록 식초를 더하자.

닭고기 안심 6쪽(250g)
오이 1개
양파 1/2개
영양부추 1줌
오리엔탈소스 6큰술
식초 2큰술

1.
닭고기 안심은 끓는 물에 삶은 후
결대로 잘게 찢는다.

2.
오이는 4cm 길이로 썰어 곱게 채 썰고
양파도 곱게 채 썬다.
영양부추는 4cm 길이로 썬다.

3.
밀폐용기에 오리엔탈소스와
식초를 넣고 섞은 후 냉장 보관한다.

4.
닭고기와 손질한 채소들을 접시에
보기 좋게 담고 랩을 씌워
냉장 보관한다.

소고기편육과 채소겉절이

겉절이 채소는 쌉쌀한 맛이 나는 것, 단맛이 나는 것 등을 적절히 섞는 것이 좋다.
양상추 같은 채소는 미리 썰어두면 갈변할 수 있으므로 주의할 것.

소고기(편육용) 400g
쌈채소 10장
양파 1/2개
마늘 4쪽
대파 1대
물 2컵

양념장 재료
조선간장 4큰술
식초 4큰술
설탕 1큰술
고춧가루 1큰술
통깨 1큰술

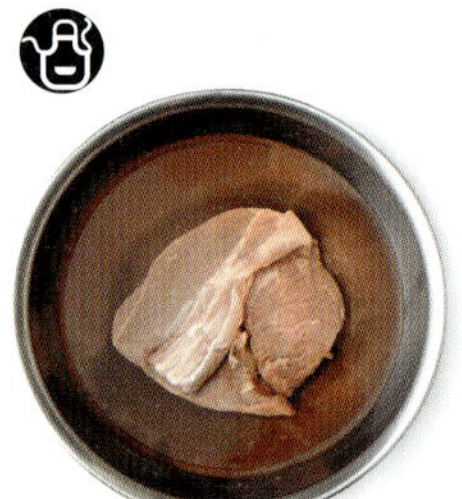

1.
소고기는 찬물에 2시간 정도
담가 핏물을 뺀다.

2.
쌈채소는 가늘게 채 썰어
밀봉해둔다.

3.
볼에 양념장 재료를 넣고
골고루 섞은 후 랩을 씌워
냉장 보관한다.

4.
압력솥에 핏물 뺀 소고기,
양파, 마늘, 파, 물을 넣고 끓여
추가 올리면 약한 불로 줄이고
15분간 삶은 후 불을 끈다.

5.
❹의 고기를 꺼내 식힌 후
얇게 편으로 썰어 접시에
보기 좋게 담아 냉장 보관한다.

전복새우볶음

전복과 새우는 오랫동안 볶으면 단단해지므로
색이 불투명해지고 크기가 약간 줄어드는 정도로 볶는다.
전복과 새우, 실파를 한곳에 보관할 경우 종이타월로 분리해서 담는다.

전복 4개
새우 20마리
실파 4대
은행 12알
조선간장 2큰술
식용유 약간
통깨 약간

1.
전복은 살만 발라내 반으로 썰고
새우는 머리와 꼬리를 제거하고
껍데기를 벗긴 다음 함께 밀봉해
냉장 보관한다.
실파는 3cm 길이로 썬다.

2.
달군 팬에 은행을 노릇하게 볶은 후
종이타월로 비벼 껍질을 벗긴 다음
실파와 함께 밀봉해 냉장 보관한다.

영양**밥**

영양밥은 몸에 좋은 재료들을 넣어 만드는 것으로 버섯, 수삼 등을 활용해도 좋다.
단 함께 씹기에 적당한 크기로 썰어야 먹기 좋다.

쌀 1$^{1}/_{2}$컵
단호박 $^{1}/_{4}$개
우엉 $^{1}/_{2}$대
연근 10cm
대추 4개
잣 2큰술
물 1$^{1}/_{2}$컵

양념장 재료
풋고추 · 붉은 고추 1개씩
조선간장 2큰술
물 2큰술

1.
단호박, 우엉, 연근은 껍질째
2×2cm 크기로 깍둑 썬다.

2.
고추는 잘게 다진 후
조선간장, 물과 함께 골고루 섞어
양념장을 만든다.

들깨버섯탕

탕 종류는 하루정도 두면 더 깊은 맛이 우러나므로 전날 미리 끓여두어도 좋다.
생표고버섯 대신 마른 표고버섯을 볶아서 물을 넣어 육수를 내면 더 깊은 맛이 난다.

표고버섯 2개
새송이버섯 2개
두부 1모
애호박 $1/4$개
풋고추 · 붉은 고추 1개씩
들깨 4큰술
들기름 약간
다시마물 3컵
(다시마 5×5cm 1장+물 3컵)

1.
버섯과 두부, 애호박은 모두
깍둑 썰고 고추는 송송 썬다.

2.
들깨를 절구에 넣고 간다.

3.
달군 팬에 들기름을 두른 다음
버섯과 호박을 넣어 볶는다.

4.
겉면이 노릇해지면
다시마물을 넣고 끓인다.

5.
채소가 푹 익으면 불을 줄이고
들깻가루를 넣어 한소끔
더 끓인 다음 뚜껑을 덮어
실온 또는 냉장 보관한다.

연두부참깨소스샐러드

2.

연두부는 2×2cm 크기로
깍둑 썬다.

3.

공기에 연두부를 담고
참깨소스를 뿌린 후
쑥갓과 고추를 얹는다.

닭고기냉채

5.

재료를 담아둔 접시에 소스만
뿌려 낸다.

소고기편육과 채소겉절이

6.

전날 익혀둔 고기를
찜통에 찌거나
전자레인지에 데워
접시에 담아둔 채소 위에
올린 다음 양념장을 뿌려 낸다.

전복새우볶음

3.
달군 팬에 기름을 두르고
전복, 새우를 넣어 볶는다.

4.
❸에 조선간장, 실파,
은행을 넣고 골고루 볶은 후
통깨를 뿌린다.

영양밥

3.
쌀을 깨끗이 씻어
물과 함께 압력솥에 넣고
손질해둔 채소와 대추를
올린 후 끓여서 추가 울리면
약한 불로 줄여 7분간
뜸들인 후 그릇에 담는다.
잣을 얹고 양념장을
곁들여 낸다.

들깨버섯탕

6.
전날 만들어둔 ❺를 끓인 후
고추와 두부를 넣어
한소끔 더 끓이고
조선간장으로 간한다.

손님 상차림 **스타일링** 노하우

주로 주말 낮에 만나는 친구를 위한 캐주얼한 브런치 상차림,
일을 마친 평일 저녁 회사 동료들과의 술상 차림,
주말 저녁 느긋하게 부모님을 모실 정갈한 상차림.
상황과 메뉴가 다른 것처럼 상차림도 조금 더 신경 써서 달리하면 좋겠다.

Case 1.

주말 점심,
친구들과 이탈리안 브런치

☐ 식사 테이블이 좁다면 한쪽에 케이터링 테이블을 따로 펼쳐 뷔페처럼 음식을 준비해두고 원하는 만큼 덜어서 식사 테이블로 와 먹도록 해도 좋다.

☐ 서버와 개인접시, 커트러리, 냅킨, 컵 등은 중간에 바꿀 수 있도록 여유 있게 준비한다.

☐ 뼈가 있는 음식을 준비할 때는 반드시 뼈 버리는 그릇도 함께 준비해야 테이블 위가 지저분해지지 않고 편리하다.

☐ 술은 친구들 취향에 따라 맥주, 와인, 샴페인 등으로 준비한다. 점심이므로 부담 없이 즐길 수 있는 주류가 좋다.

☐ 낮 시간 술이 부담스러운 친구들을 위해서 논 알코올 칵테일이나 탄산수 등을 준비하는 것이 좋다.

Case 2.

평일 저녁,
회사 동료들과 차이니즈 펍

☐ 중식은 푸짐하기 때문에 여럿이 나눠 먹기에 좋다. 대신 서버를 반드시 준비할 것.

☐ 개인접시도 국물용과 볶음용으로 나눠 준비하는 것이 좋다. 음식을 먹고 다른 접시로 바꿀 수 있도록 여유분을 준비하면 좋다.

☐ 중식은 느끼한 음식이 많으므로 녹차나 재스민차 등을 함께 준비하는 것이 좋다.

☐ 지인들의 경우 한 사람씩 자리를 세팅해 혼란스럽지 않도록 준비한다.

☐ 디저트로 과일을 깎아 내도 좋지만 화채로 준비하면 술을 못 하는 사람도 가볍게 먹을 수 있다.

Case 3.

주말 저녁,
부모님과 정갈한 한식 디너

☐ 부모님을 모시는 자리는 한정식 레스토랑처럼 한 사람씩 정갈하게 세팅하는 것이 좋다.

☐ 가족끼리이므로 특별히 서버를 준비하지 않아도 되지만 국물 요리는 덜어 먹을 수 있도록 준비하는 것이 좋다.

☐ 연두부처럼 덜어 먹기 어려운 것은 일인분씩 준비하는 것이 좋고, 다른 요리들은 덜어 먹을 수 있는 개인접시를 함께 준비하면 좋다.

☐ 여름이더라도 어른들 식사 자리에는 약간 따뜻한 물을 준비해야 음식 드시기에 편안하다.

☐ 별미 요리만 준비하기보다는 밥과 반찬류를 함께 내야 식사가 마무리된 듯한 느낌이 든다.

BASiC iNFO

‘ 시 작 이   반 이 다 ’
올바른 계량 법을 익히고 기본적인 양념장만 갖춰도
밥상 차리기와 도시락 싸기 프로젝트의 절반은 이룬 셈.
식단을 참고해 장보고 냉장고 정리까지 독파 했다면
제 아 무 리 바 쁜 맞 벌 이 부 부 일 지 라 도
아침은 물론 저녁 밥상 차리고 점심 도시락까지 챙길 수 있다.

계량하기

1큰술, 2큰술, 약간, 1줌…, 요리책의 흔한 계량단위다.
'계량컵, 계량스푼도 없는데'라며 요리 시작 전부터 한 숨이 나왔다면 바로 이 페이지를 참고하자.
집에 흔하게 있는 숟가락과 손으로 계량의 '감'을 잡을 수 있을것이다.

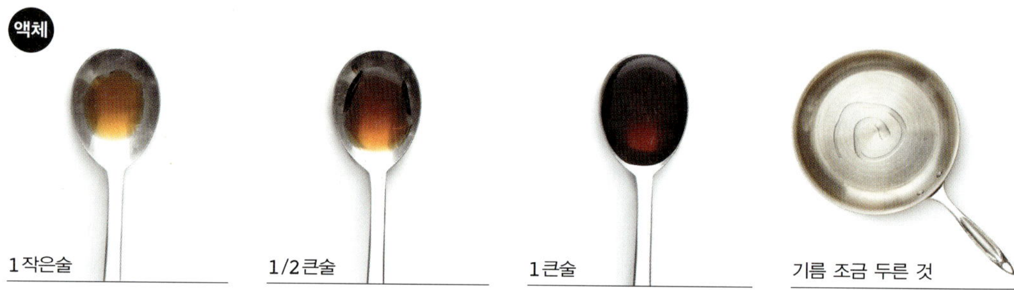

조선간장 · 식초 · 물 · 참기름 · 들기름 · 올리브유 · 물엿 · 올리고당 · 녹말물

설탕 · 고춧가루 · 소금 · 후춧가루 · 통깨 · 하이라이스가루

고추장 · 된장 · 마요네즈 · 토마토케첩 · 바질페스토 · 두반장 · 다진 마늘

나물 100g

스파게티면 80g
소면 100g
당면 70g

부추 50g

어린잎채소 30g

떡국용 떡
100g, 30개

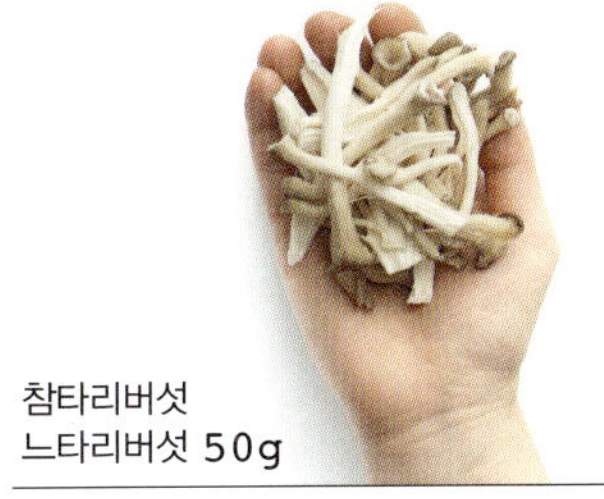

참타리버섯
느타리버섯 50g

부추 · 당면 · 스파게티면 · 소면 · 나물 · 어린잎채소 · 떡국용 떡 · 참타리버섯

브로콜리 1개
(지름 15cm)

참타리버섯
느타리버섯 1팩
200g

팽이버섯 1봉
300g

기본으로 갖춰야 할 **양념장**

요리 하나 만들려면 필요한 양념장도 갖가지.
필요할 때 소량씩 구입해야 하는 것들도 있지만 자주 사용하는 양념장과 재료들은 한 번에 구입해
찬장과 냉장고에 쟁여두면 마음이 든든해진다. 더도 말고 덜도 말고 꼭 필요한 기본양념 재료 리스트 업.

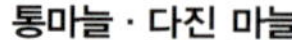

고추장 · 된장

고추장, 된장은 시판 제품도 브랜드에 따라서 단맛, 짠맛이 모두 다르기 때문에 새로 구입했을 때 맛을 확인하고 농도를 조절하면 좋다.

통마늘 · 다진 마늘

다진 마늘을 구입해 사용하는 것도 좋지만 낱개로 손질된 것을 골라 그대로 빻아서 쓰거나 커터로 갈아 냉동실에 보관해 두고 사용하면 편리하다. 통마늘은 고기 삶을 때나 파스타에 향을 낼 때 사용하면 좋다.

천일염(굵은소금) · 고운소금

밑간을 하거나 중간에 간을 할 때는 고운소금을, 절이거나 피클 등을 담글 때는 천일염을 사용한다.

설탕

단맛을 낼 때 사용한다. 멸치 볶음 등은 마지막에 설탕을 넣어야 서로 달라붙지 않고 똑똑 떨어진다.

올리고당

설탕 대신 단맛을 낼 때 사용한다. 특히 녹이기 어려운 재료에는 올리고당을 넣으면 훨씬 편리하게 활용할 수 있다.

국물용 멸치

국물용 멸치는 약간 큰 것으로 준비한다. 머리와 내장을 제거하고 밀봉해 냉동 보관한다.

국물용 다시마

다시마는 주로 5×5cm 크기로 잘라 사용한다. 사용하기 전에 가볍게 물에 헹궈 사용하면 된다.

조선간장

이 책의 모든 요리에 국간장, 조선간장, 집간장을 사용한다. 집에서 만든 간장이면 더 좋지만 마트에서 파는 것도 괜찮다. 양조간장에 비해 색은 연하지만 맛이 훨씬 담백하고, 찝찌름한 맛이 없다. 시판 간장이 아닌 경우 짠맛이 다르므로 사용하기 전에 맛을 보고 물과 섞어서 사용하면 된다.

통깨
통깨는 사용할 만큼 꺼내 쓰고 나머지는 냉동실에 보관하면 더 오랫동안 사용할 수 있다. 깨갈이를 하나 구비해 두고 통깨를 바로 갈아 사용하면 향이 좋다.

들기름 · 참기름
들기름은 특히 냉장고에 보관해야 산패가 더디다. 볶아서 기름을 짠 것이 많지만 볶지 않고 짠 것을 사용하면 훨씬 향이 좋고 건강에도 이롭다.

후춧가루
후춧가루는 고운 순후춧가루와 굵은 후춧가루를 사용하면 좋다. 통후추를 사서 후추 빻는 기구를 활용하면 필요에 따라 굵기를 조절할 수 있고, 바로 갈아서 쓰기 때문에 향이 더 좋다.

식용유 · 올리브유
보통 부침과 튀김에는 식용유를, 볶음과 샐러드에는 올리브유를 활용하면 좋다

식초
식초는 사과식초를 사용하면 맛이 더 산뜻하고 드레싱이나 생채, 피클 등에 모두 활용하기 좋다.

고춧가루
고춧가루는 중간 굵기로 구비해두면 큰 불편 없이 사용할 수 있다. 색이 예쁜 것을 사용하는 것이 좋다.

마요네즈
마요네즈는 과일, 채소 등 어떤 샐러드에도 무난하게 잘 어울리므로 냉장고에 갖추고 있으면 유용하다.

토마토케첩
떡볶이나 스테이크, 닭강정 등의 소스를 만들 때나 소시지볶음, 오믈렛 등 다양한 요리에 맛을 낼 때 유용하다.

녹말가루
걸쭉한 농도를 낼 때 자주 사용되는 재료다. 돈부리, 마파두부 등의 농도를 조절할 때뿐 아니라 바삭한 튀김을 만들 때도 좋다.

밀가루
밀가루는 밥이 없을 때 뚝딱 수제비를 만들어 먹기에 요긴하고, 전이나 튀김 요리 등에 두루두루 자주 사용하기 때문에 찬장에 갖추고 있어야 할 재료다.

똑똑하게 **장보기** 비법 10 계명

01 냉장고 문에 메모지를 붙여두거나 휴대전화 메모장에 필요한 목록을 그때그때 적어둔다.
장보러 가기 직전에 막상 적으려 하면 생각이 나지 않는 경우가 많다.

02 장보러 갈 때는 웬만하면 배를 채운 다음 가는 것이 좋다.
배고픈 상태로 장을 보다 보면 충동구매를 하게 된다.

03 실온 보관할 것 ➡ 냉장 보관할 것 ➡ 냉동 보관할 것 순으로 장을 본다.

04 '1+1, 묶음 포장, 큰 단위'라고 해서 무조건 싼 것은 아니다.
그램당 가격을 계산하는 것이 현명하다. 단, 그램당으로 계산해서 큰 단위가 싸다면
구입해도 좋지만, 남겨두었다 다 소진하지 못하고 상해서 버리게 될 것 같다면
낱개·소포장 제품을 구입하는 것이 낫다.

05 제철 재료를 우선순위에 두고 구입한다.
채소도, 생선도 제철 재료가 신선하고 가격도 저렴하다.

06 신선식품은 물론 곡식류, 캔류, 소스류, 과자, 라면, 주류도 유통기한을 꼭 확인한다.

07 마트 마감시간 2~3시간전을 활용하면 더 할인된 것을 구입할 수 있다.
금방 먹을 것이라면 전날 팔다 남은 것을 모아둔 절약 코너를 활용한다.

08 퇴근 후 장볼 시간이 여의치 않다면 인터넷 장보기 사이트를 활용한다.
이마트, 홈플러스, 롯데마트 등 대형마트도 인터넷 쇼핑몰이 있으므로
점심시간에 짬을 내면 장을 볼 수 있다. 혹은 집 근처 동네 마트의 경우 전화번호를
알아두었다가 그날 필요한 리스트를 불러주고 퇴근 시간에 받는 방법도 있다.

09 하우스 재배 등으로 인해 제철 재료에 대해 둔감해지는 것이 사실.
유기농 식재료를 판매하는 사이트를 둘러보면 일반 마트나 대형마트에 비해
제철 재료에 대한 정보를 좀 더 얻을 수 있다.
· **한살림** shop.hansalim.or.kr
· **아이쿱 생협** www.icoop.or.kr
· **초록마을** www.choroc.com
· **올가** www.orga.co.kr

10 이색 별미 요리를 하고 싶을 땐 외국 식재료 전문 사이트를 이용하면 좋다.
식재료뿐 아니라 관련 레시피도 제공하고 있어 도움이 된다.
· **모노마트**(일식) www.monolink.kr
· **재팬푸드몰**(일식) japanfoodmall.com
· **아시아마트**(동남아) www.asia-mart.co.kr
· **이푸드존**(일식·중식·양식·동남아) www.efoodzone.com
· **타코하우스**(멕시코) www.tacohouse.co.kr
· **마창식품**(중식) www.mcfood24.com

남김없이 요리해 먹는 **냉장고 정리법** 

한 번에 대량으로 구입한 재료 혹은 부모님께 얻어 와서 냉장고 구석구석 넣어두고 오래 묵혀둔 재료들.
냉장고 속 재료만 잘 정리해도 몇날며칠 장보지 않고도 수십 가지 요리를 해 먹을 수 있다.
스마트한 냉장고 정리법을 참고해 가계를 알뜰살뜰 보살피자.

냉장고의 상단 서랍에는 단단한 채소, 하단 서랍에는 부드러운 채소들로 나누어 보관한다.
서로 눌리지 않도록 세워서 보관하면 무르지 않게 보관할 수 있고,
무거운 것이 잎채소를 눌러 상하는 일도 없다.
한 번에 먹을 분량은 랩이나 비닐백에, 조금씩 자주 쓰는 것들은 지퍼백에 넣어 보관하는 것이 편리하다.

두부
반드시 물에 잠기도록 담가서 보관해야 오래간다. 물이 닿지 않은 부분부터 미끈거리며 상하기 시작하기 때문이다. 물은 매일 갈아줄 것.

양파
양파는 랩을 씌워서 냉장고에 보관하면 오래간다. 껍질을 벗겨 사용하고 남은 양파도 랩을 씌워 보관해야 마르지 않는다.

무
무나 양배추 같은 큰 채소들은 한 번에 사용할 만큼씩 잘라 랩을 씌워 낱개로 보관하면 꺼내기도 편리하고 쓰고 나서 다시 랩을 씌우지 않아도 되어 편리하다.

잎채소
씻어서 종이타월로 물기를 꼼꼼히 제거한 다음 다시 종이타월을 덮어 스프레이를 뿌리고 밀봉해 보관해두면 오랫동안 신선하게 먹을 수 있다.

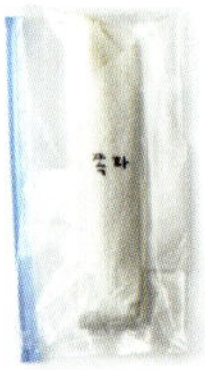

부추 · 파
부추나 파같이 무르기 쉬운 채소들은 종이타월로 감싸서 지퍼백에 넣어 보관한다. 겉에 어떤 채소인지 적어두면 열어보지 않아도 되고 냉장고 문 쪽에 길게 세워서 보관하면 서로 눌리지 않아 더 좋다. 한 번에 많이 구입하게 되는 파는 국거리나 볶음 요리용으로 잘고 어슷하게 썰어서 밀봉한 다음 냉동 보관하면 요긴하다.

자투리 채소
조금씩 쓰고 남은 자투리 채소는 약간 큰 밀폐용기에 물기 없이 한 번에 보관하면 사용하기 좋다. 특히 파, 고추, 마늘처럼 요리마다 조금씩 쓰고 남은 것들, 찌개거리 채소들은 낱개로 포장하면 굴러다녀서 찾기 어려운데 한 밀폐용기에 같이 보관하면 찾기 쉽다.

냉동고에는 바로 소진하기 어려운 식품들을 보관해두는 경우가 많다.
사용할 때는 대부분 해동해야 하므로 소량씩 나누어 보관하는 것이 기본이다.
맞벌이 부부는 생물 생선을 구입해 바로 소진하기가 쉽지 않으므로
한 쪽씩 손질되어 냉동 포장된 것을 구입하는 것이 좋다.

냉동 두부

두부가 많이 남을 경우에는 깍둑 썰어서 서로 붙지 않도록 냉동해두었다가 녹여서 물기를 꽉 짜서 볶거나 언 상태 그대로 찌개에 넣으면 도톰한 유부 같은 식감을 즐길 수 있다. 물기를 꼭 짜서 튀김옷을 묻혀 튀기면 프라이드치킨 같은 식감을 느낄 수도 있다.

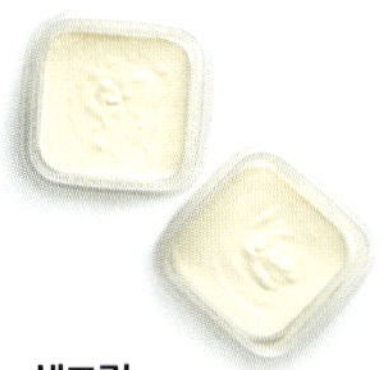

생크림

보통 한 팩 용량이 많은 편으로 한 번에 다 소진하기가 쉽지 않다. 파스타나 리소토에 넣을 것, 수프에 넣을 것으로 구분해 1컵이나 2컵 정도 분량으로 나누어 통에 담아 냉동했다 사용하면 좋다. 언 상태에서 살짝 녹여 깍둑 썰어서 사용해도 되고, 얼린 용량이 적을 경우에는 그대로 넣어 익히면 된다.

다진 마늘

마늘을 다져서 지퍼백에 넓게 깔고 한 번 사용할 분량으로 2×2cm 정도씩 젓가락으로 칸을 나누어 납작하게 얼린 후 나중에 한 조각씩 잘라 쓰면 편리하다. 김장 때 친정이나 시댁에서 얻어온 김치 양념장도 다진 마늘처럼 칸을 나누어 냉동고에 보관해두면 그때그때 해동해 오이무침이나 골뱅이무침, 깻잎무침 등을 할 때 요긴하다.

데친 나물류

채소류가 남았을 때는 데쳐서 보관한다. 데친 나물은 물기를 너무 꼭 짜기보다 약간 수분이 남도록 해서 얼려야 해동하는 과정에서 질겨지지 않는다.

브로콜리 줄기

버리는 경우가 많지만 납작하게 썰어 냉동실에 넣었다가 볶음 요리 할 때 넣어도 좋고, 잘게 다져서 볶음밥에 넣어도 식감이 좋다. 생으로는 피클을 담그면 좋다.

육류

육류는 남은 것들을 한 번에 보관하면 모두 붙은 채로 얼어 사용할 때 해동하고 다시 얼리는 과정에서 누린내도 나고 수분도 빠진다. 1회 요리할 분량으로 나누어서 서로 붙지 않도록 보관하는 것이 중요하다.

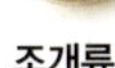

조개류

생물 그대로 냉동하면 살이 모두 퍼져서 먹기에 적합하지 않다. 해감을 뺀 후 삶아서 국물과 살을 따로 분리해 보관한다. 국물은 팩이나 밀폐용기에 조리 분량대로 1인분이나 2인분씩 담아서, 살은 껍데기째 혹은 살만 분리해 지퍼백 등에 2중으로 밀봉해 보관하고 필요한 만큼 꺼내서 사용한다.

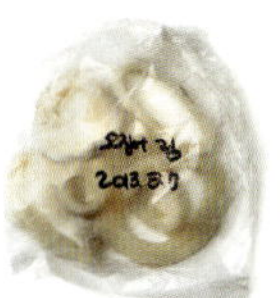

오징어

오징어나 생선 등을 냉동할 때는 내장을 제거하고 깨끗이 손질해서 보관해야 세균 번식이 덜하고, 언 상태에서도 해동하지 않고 바로 요리할 수 있어 편리하다. 지퍼백에 재료 부위명과 날짜, 용도 등을 표기하고 뭉쳐져서 얼지 않도록 납작하게 눌러서 보관한다. 냉동 해산물류는 모두 해동하고 다시 얼리는 과정을 반복하면 조직이 파괴되고 수분이 빠져서 맛이 없다. 사용할 분량만큼 꺼내 해동하고, 만약 통째로 꺼내 해동하고 남은 것을 다시 얼릴 때는 내용물이 서로 붙지 않도록 해서 얼려야 다시 쓰기에 편리하다.

통상적인 냉장고 **보관 기간 & 육안 데드라인**

육류, 어패류, 채소, 과일 등은 일반적으로 냉장고에 보관할 수 있는 유통기한이 있지만
사실 며칠 지났다고 쓰레기통으로 직행시키기는 꺼려진다.
통상적인 유통기한이 아닌 냉장고와 냉동고에 최대한 쟁여놓을 수 있는 데드라인 상태를 알아두자.

**통상적인
보관 기간**

			냉장	냉동
육류		소고기	3~5일	6~9개월
		돼지고기	2~3일	4~6개월
		닭고기	1~2일	4~6개월
		달걀	1~2주	×
		햄	1주(개봉 시)	3~4개월
어패류		생선	1~2일	1~2개월
		조개 · 꽃게	4일	1개월
		마른 멸치	30일	6개월
채소		버섯	3일	1개월(데친 후 물기를 살짝 짜서 냉동하거나 말려서 냉동)
		상추 · 양상추	3~5일	×
		깻잎	3~4일	1개월
		오이 · 피망	1주	1개월(데친 후 물기를 짜서 냉동)
		양배추	1주	1개월
		토마토	1주	2개월
		마늘	1개월	5개월
		콩나물	2~3일	1개월(데친 후 물기를 짜서 냉동)
		파 · 고추 · 당근	1주	2~3개월
과일		딸기 · 복숭아	3~4일	2개월
		포도 · 수박	7~10일	2개월
		오렌지	7일	2개월
		사과 · 배 · 감	1~2개월	2개월
유제품		우유	유통기한	2개월(냉동해서 빙수, 파스타, 수프 메뉴에 활용 가능)
		크림치즈	2주	1개월
		가공치즈	1개월	6개월
		버터	1~2개월	9개월
		플레인 요구르트	2주	1~2개월
		생크림	유통기한	2개월(냉동해서 파스타, 수프 메뉴에 활용 가능)
기타		빵	1주	3개월
		들기름	3개월	×
		두부	2일	1개월

| 냉장고 |

육류 색이 갈변하기 시작했다면 버릴 것.

채소 · 과일 채소는 곰팡이가 피었거나 눌렀을 때 물렁거리고 진물이 나오면 버릴 것.

버섯 버섯 갓에 하얀 곰팡이가 생기거나 미끈거릴 때 버릴 것.

두부 표면이 미끈거리면 버릴 것.

장류 고추장, 된장은 곰팡이가 피었을 경우 표면만 걷어내 버리고 내용물은 사용해도 된다.

김치 김장 김치나 오이지 등과 같은 것은 하얗게 곰팡이가 떠도 깨끗이 씻어서 총총 썰어 볶음 요리나 찌개, 볶음밥, 비빔밥 등에 활용해 먹으면 된다.

| 냉동고 |

육류 한 번 먹을 분량씩 또는 떼어내기 쉽게 얇고 평평하게 만들어 냉동 보관한다. 통상적인 유통기한을 지켜 먹는 것이 안전하나 고가인 경우가 많으므로 바로 버리기 아깝다. 그래도 육안으로 보았을 때 부피가 많이 줄고 마르기 시작하거나 냉동실 냄새가 뱄다면 과감히 버릴 것.

채소 · 과일 일반적으로 냉동 보관하지 않지만 국이나 볶음용 채소의 경우 냉동고에 얼려두었다 사용하게 된다. 과일의 경우 셔벗이나 스무디 혹은 수프로 활용할 경우 냉동고에 얼려두었다가 갈아서 사용하면 된다. 언 과일에 성에가 많이 끼게 되면 버릴 것.

해물 새우, 조개, 홍합, 생선 등 냉동식품의 경우 해동과 냉동을 반복하다 보면 수분이 빠져서 뻣뻣해지고 질겨진다. 따라서 한 번 먹을 분량씩 보관하는 것이 좋다. 수분이 빠져 질겨지거나 하얗게 성에가 낀 해물은 버릴 것.

'음식물 쓰레기 다이어트법'을 참고하면 지구 환경오염 예방에 도움이 될 뿐 아니라 스마트한 식단 구성 및 가계 경제에도 보탬이 된다.

☐ **보관 단계 다이어트**

장본 후 손질 | 시금치, 파 같은 채소류는 바로 손질하지 않으면 쉽게 상한다.

한 끼 분량씩 보관 | 고기와 생선은 해동과 냉동을 반복하면 부패하기 쉽다.

식재료별 보관법 파악 | 보관 방법, 보관 기간 등을 정리해 냉장고에 붙여둔다.

투명용기 · 비닐백 보관 | 검은 봉지에 보관하면 어떤 식재료인지 구분할 수 없다.

한 달에 한 번 청소 | 위생은 물론 남은 재료가 파악돼 구입 비용을 줄일 수 있다.

☐ **조리 단계 다이어트**

한 끼 분량만 조리 | 가족 식사량에 맞게 조리한다. 국, 찌개는 몇 끼 먹을 생각으로 많이 요리하는데 대부분 버리게 된다. 만약 많이 조리했다면 그 요리를 재활용해서 먹을 수 있는 방법을 미리 생각해둔다.

덜어 먹는 습관 | 그릇째 식사하면 부패가 빠르다. 작은 그릇을 사용한다.

음식 간은 싱겁게 | 짜게 조리하면 대부분 음식이 남게 된다.

☐ **배출 단계 다이어트**

건조 배출 | 사료와 퇴비로 재활용되는 양은 5분의 1도 안 된다. 폐수가 60%를 넘고 있다.

분류 기준 준수 | 조개, 게 껍데기, 생선 뼈, 육류 뼈다귀, 과일 씨앗, 달걀 껍데기, 일회용 티백 등 동물이 먹을 수 없는 것은 일반 쓰레기로 분류한다.

부산물 재활용 | 사과 껍질을 바싹 말리면 천연 방향제가 된다. 오렌지 껍질은 유리그릇이나 창을 닦을 때 이용하면 깨끗하게 닦을 수 있다.

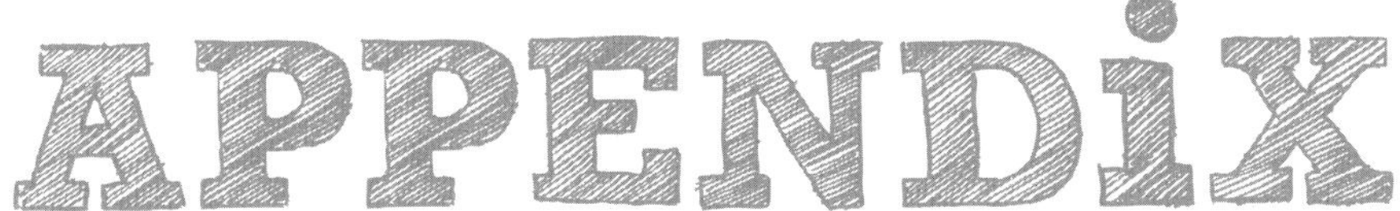

제철 식재료 캘린더 + 제철 8주 식단표
굿나이트 & 굿모닝 · 굿나이트 & 굿런치 세트 메뉴 카드

제철에는 해당 채소가 잘 자랄 수 있는 기후가 조성되어
그 식재료의 특성이 충분히 살아나므로 영양가가 최대치에 이른다.
그리고 이러한 식재료를 먹는 우리도 같은 기후에 살고 있다.
예를 들어 초여름에서 한여름이 제철인 오이와 동아 같은 박과의 채소는 이뇨 작용을 해
장마 때 흔히 생기는 부종을 방지하고 여름철 수분을 보충하기에도 안성맞춤.
따라서 제철 식재료를 챙겨 먹는 것이 건강에 이롭다.

제철 식재료 캘린더 

채소	
감자 | 5~10월	고구마순 | 5월 중~9월 말
고사리 | 4~5월, 말린 것은 1년 내내	곰취 | 5월 초~7월 초, 말린 것은 1년 내내
깻단 | 4월 말~10월 말	냉이 | 12월, 3월, 3월이 가장 맛있는 시기
달래 | 11~12월, 3월 초~4월 초, 3~4월이 제철	더덕 | 4월
돌나물 | 4월 중~5월 중	돌미나리 | 5월 초~7월 중
땅두릅 | 3월 말~9월 초	마늘종 | 5월
명이나물 | 5월 말~6월 초	배추 | 5월 중~6월, 10월 중~2월
봄동 | 12월 중~3월 초	부추 | 4월 초~11월 중
비름나물 | 4월 초~10월 말	산두릅 | 4월 말~5월 중
상추 | 연중 재배되지만 4~6월이 가장 맛있는 시기	생취나물 | 4월 초~10월 말
쑥 | 4월	씀바귀 | 3월 말~4월 중
잎마늘 | 2월 말~4월 중	양파 | 5~6월
유채 | 3~4월	참나물 | 5월 말~6월 초
꽈리고추 | 4월 말~10월 중	재래종 중파 | 3월 중~4월 말, 10월 중~11월 초
풋고추 | 5월 초~10월 말	호박잎 | 5월 중~7월 말
양배추 | 3월부터 가을까지	톳 | 4~5월

나물	
말린 고사리 | 5월 중~4월 말	

과일	
진지향 | 3월 중~4월 중	천혜향 | 3월 초~4월 중
청견 | 3월 중~4월 중	한라봉 | 3월 초~4월 중
방울토마토 | 5월 중~12월 초	완숙토마토 | 5월 초~12월 말
참외 | 3월 말~8월 말	

해산물	
명태 | 5월	옥돔 | 12~5월
해삼 | 5~6월	갑오징어 | 5~6월 초
조개 | 3~4월	가자미 | 12~3월
금태 | 5월	뱅어 | 4월
병어 | 4~6월	삼치 | 1~5월
숭어 | 1~3월	주꾸미 | 4~5월
황태 | 2~5월	참조기 | 4~6월

채소	
고춧잎 | 6월 초~9월 중	곤드레잎 | 5월 중~7월 중
머윗대 | 6월 말~9월 말	가지 | 6월 초~10월 말
강낭콩 | 7월 초~7월 중	노각 | 6월 초~8월 중
단호박 | 6월 말~12월 말	미니단호박 | 7월 중~12월 말
미니파프리카 | 8월 초~10월 말	애호박 | 5월 중~11월 말
오이맛풋고추 | 5월 말~11월 초	청양고추 | 7월 초~10월 말
옥수수 | 7월 중~7월 말	찰옥수수 | 7월 중~10월 말
양상추 | 4~8월	완두콩 | 6월
오이 | 4월 초~11월 말, 6~8월이 맛있는 시기	조선오이 | 6월 초~7월 말, 10~11월
취청오이 | 6월 말~10월 중	토종 풋고추 | 6~7월, 10월
통마늘 | 5~8월	파프리카 | 6월 중~11월 중
피망 | 6월 초~10월 중	붉은 고추 | 7월 말~10월 말
붉은 피망 | 7월 중~9월 중	총각무 | 5~7월
황기 | 7~8월	자색감자 | 7월 초~10월 말

과일	
복분자 | 7월 초	복숭아/조생종 | 7월 초~8월 초
복숭아/중생종 | 8월 초~9월 초	블루베리 | 7월
사과/조생종 아오리 외 | 8월 중~9월 초	오디 | 5월 말~6월 말
자두/조생 대석 외 | 7월 중	자두/중생 후무사 외 | 7월 중~8월 초
청매실 | 6월	청포도 | 8월 중~9월 말
황매실 | 6월 말~7월 초	멜론 | 7월 중~10월 초
수박 | 5월 중~8월 중, 7~8월이 맛있는 시기	

해산물	
농어 | 6~8월	도미 | 5~6월
문어 | 8~9월	민어 | 7~8월
새우 | 6월	오징어 | 7~10월
장어 | 7~8월	전복 | 8월

쌀, 잡곡	
보리, 찰보리 | 7월부터 연중	찰보리쌀 | 6월부터 연중

채소	갓 ｜ 10월 중~11월 중	재래종 중파 ｜ 10월 중~11월 초, 3월 중~4월 말
	한재미나리 ｜ 10월 말~6월 초	늙은호박 ｜ 9월 초~12월 말
	마/둥근 마 ｜ 10월 중~2월	마/장마 ｜ 11월 말~3월 말
	토란 ｜ 9~10월	생토란줄기 ｜ 8월 중~10월 중
	순무 ｜ 10월 말~11월 말	총각무 ｜ 10월 중~11월 중
	알토란 ｜ 9월 중~2월 말	연근채 ｜ 9월 초~5월 말
	통연근 ｜ 9월 초~5월 말	고구마 ｜ 9월 초~4월 중
	자색고구마 ｜ 10월 중~11월	호박고구마 ｜ 10월 중~1월
	가지말림 ｜ 11월 초~3월 말	배추 ｜ 9~11월
	송이버섯 ｜ 10월	표고버섯 ｜ 9~10월
	우엉 ｜ 연중 재배되지만 9~11월이 맛있는 시기	잣 ｜ 10~12월
나물	애호박말림 ｜ 11월 초~3월 말	토란줄기말림 ｜ 11월 초~2월 중
과일	배/조중생 ｜ 8월 말~10월 초	배/만생종 ｜ 10월 초~4월 말
	복숭아/만생종, 황도 ｜ 9월 중~10월 초	단감 ｜ 10월 말~3월 말
	사과/중생종 홍로 외 ｜ 9월 초~10월 말	사과/만생종 부사 ｜ 10월 말~4월 말
	사과 ｜ 8월 중~4월 말	자두/만생종 추희 ｜ 9월 중
	생대추 ｜ 9월 말~10월 중	생오미자 ｜ 9월
	포도 ｜ 8월 말~10월 말	유자 ｜ 11월
	골드키위 ｜ 11월	그린키위 ｜ 11월 말~5월 말
견과	밤 ｜ 9월 중~8월 중 재배, 9~10월이 맛있는 시기	
	호두 ｜ 10월 말~5월 재배, 11월이 맛있는 시기	
해산물	갈치 ｜ 11월	광어 ｜ 11~12월
	꼬막 ｜ 11~12월	꽃게 ｜ 11월
	고등어 ｜ 10~12월	대하 ｜ 10~11월
	미꾸라지 ｜ 10~11월	참게 ｜ 9~11월
	전어 ｜ 9~11월	조기 ｜ 9월
	꽁치 ｜ 9~12월	
쌀, 잡곡	백미 ｜ 9월부터 연중	현미 ｜ 9월부터 연중
	오분도미 ｜ 9월부터 연중	찹쌀백미 ｜ 9월부터 연중
	찹쌀현미 ｜ 9월부터 연중	녹미, 적미 ｜ 11월부터 연중
	흑미 ｜ 9월부터 연중	생피땅콩 ｜ 10~1월
	풋땅콩 ｜ 9~10월	수수 ｜ 11월부터 연중

채소	월동배추	12월 말~2월	유채나물	12월 초~2월 중
	야콘	11월 중~2월 말	울금	11월 초~1월 말
	월동무	12월 말~5월 초	콜라비	12월 초~4월 중
	겨울감자/조림용	2월 초~4월 중	브로콜리	11~2월
	시금치	11~2월		

나물	말린 아주까리잎	11월 초~3월 말	무시래기	12월 초~3월 말
	참취나물말림	12월 초~3월 말		

과일	감귤	2월 초~3월 말	감말랭이	1월 말
	마른 대추	11월 중~3월 말	곶감/고종시	12월 말~1월 말
	곶감/둥시	1월 초~3월 말	조생귤	11월 중~2월 중
	금귤	2월 초~4월 중	레몬	1월 중~3월 말

견과	깐 은행	12월 초~2월 말	은행	11월 말~2월 말

해산물	굴	11~2월	낙지	11~12월
	광어	11~12월	도미	6월, 12월
	방어	11~2월	복어	11~2월
	아귀	12~2월	홍게	12월
	대구	12~1월	대하	12월
	삼치	12~1월	옥돔	12~5월
	청어	11~12월	바지락	2~4월
	도루묵	12월	미역	11~3월

쌀, 잡곡	발아삼색미	1월부터 연중	발아찹쌀현미	1월부터 연중
	발아현미	1월부터 연중	발아흑미	1월부터 연중
	발아쌀보리	1월부터 연중	깐 녹두, 콩, 콩녹두, 팥, 선비콩	12월부터 연중
	찰옥수수쌀	12월부터 연중	청태, 속청태	12월
	황태	12월	흰팥	12월
	볶은 알땅콩	12~4월	볶은 피땅콩	12~1월
	기장, 율무, 차조	12월부터 연중		

제철 8주 **식단표** 🍴

본문의 4주 식단만으로 아쉽다고 느낄 이들을 위해 추가로 준비한 8주 식단표다.
제철 식재료 리스트대로 구성하였으며, 앞의 보너스 페이지(279쪽)에서 언급한 '식단 구성법'에 의해 깔끔하게 짰다.

SPRiNG

일주일치 장보기 리스트

- 달걀
- 양파
- 파
- 돼지고기
- 조기
- 돌나물
- 상추
- 마늘종
- 감자
- 생취
- 두부
- 냉동만두
- 명란젓
- 마른 새우
- 누룽지
- 식빵

**한 주 시작 전
미리 만들어두자!**
든든한 밑반찬 3종

- 마늘종마른새우볶음
- 달걀돼지고기장조림
- 양파피클

	아침 밥상	점심 도시락	저녁 밥상
Sun		양념냉동만두	제육볶음 상추겉절이 돌나물초고추장무침
Mon	명란달걀찜 누룽지	밑반찬도시락 취된장국	된장취나물 ⟳ 조기구이
Tue	된장취나물죽 ⟳	명란젓달걀말이 돌나물비빔밥	두부구이 ⟳ 조기찌개 감자채볶음 ⟳
Wed	감자채볶음샌드위치 ⟳	취나물밥 두부고추장조림 ⟳	명란젓찌개 ⟳ 상추전
Thu	명란젓찌개볶음밥 ⟳	달걀감자샐러드토스트 마늘종피클	만둣국
Fri	장조림달걀밥	돼지고기상추샌드위치	감자전 뚝배기달걀파찜
Sat		중국식파달걀볶음밥 양파생채	양파 & 파그릴구이 양념명란젓 돼지고기고추장찌개

	아침 밥상	점심 도시락	저녁 밥상
Sun		스무비	닭다리살허브구이 양배추구이
Mon	참치채소죽	밑반찬도시락 깻단된장국	양배추나물 숙주나물 달걀국 ⭕
Tue	달걀죽 ⭕	양배추찜 스팸구이 쌈장	참치김치찌개 ⭕ 숙주깻잎냉채
Wed	두부검은콩라테	참치김치덮밥 ⭕ 두붓국	비름나물고추장무침 어묵국 ⭕ 닭고기조림
Thu	어묵국수 ⭕	비름나물밥 깻단조림 감자전	참치볶음밥
Fri	검은콩감자수프	참치전 양배추코울슬로	스팸채소파스타 양배추피클
Sat		깻단양념국수	밑반찬비빔밥 감자양파국

⭕ **사이클 메뉴**
넉넉히 만들어두었다가 약간의 품만 더하면
다음 날 아침이나 점심 식단으로 새롭게 변신이 가능한 메뉴입니다.

	아침 밥상	점심 도시락	저녁 밥상
Sun		통오징어구이 오이냉국	전복스테이크 옥수수구이 가지구이
Mon	옥수수구이	무말랭이밥 밑반찬 3종	양상추샐러드 돈가스
Tue	양념순두부	양상추돈가스샌드위치 옥수수양파샐러드	오징어볶음 가지나물 양상추겉절이
Wed	오징어볶음비빔밥	고추잡채볶음밥	맑은순두붓국 애호박전
Thu	순두부죽	옥수수밥 오이생채 고추찹쌀찜	애호박찌개 새우볶음
Fri	오이주스 토스트와 잼	새우채소덮밥 오이나물	애호박나물비빔밥 가지냉국
Sat		돈가스덮밥	오믈렛

	아침 밥상	점심 도시락	저녁 밥상
Sun			무청된장찌개 ↻ 삼겹살구이 머윗대나물
Mon	된장찌개비빔밥 ↻	단호박잡곡밥 ↻ 밑반찬 3종	수박나물 불고기 파프리카스틱
Tue	단호박곡물라테 ↻	완두콩밥	피망잡채 ↻ 마늘볶음밥
Wed	수박주스	피망잡채덮밥 ↻	고춧잎나물 단호박불고기 ↻
Thu	완두콩수프	단호박불고기볶음밥 ↻	곤드레나물밥 ↻ 파프리카샐러드
Fri	곤드레죽 ↻	냉파스타	단호박커리 ↻ 수박껍질피클
Sat		깍두기볶음밥 수박빙수	단호박커리파스타 ↻

↻ **사이클 메뉴**
넉넉히 만들어두었다가 약간의 품만 더하면
다음 날 아침이나 점심 식단으로 새롭게 변신이 가능한 메뉴입니다.

AUTUMN

일주일치 장보기 리스트

- [ ] 양파
- [ ] 파
- [ ] 마늘
- [ ] 달걀
- [ ] 갈치
- [ ] 꽃게
- [ ] 두부
- [ ] 소고기(육수용)
- [ ] 미나리
- [ ] 마
- [ ] 연근
- [ ] 밤
- [ ] 무
- [ ] 애호박
- [ ] 사과
- [ ] 늙은호박
- [ ] 라면
- [ ] 식빵
- [ ] 파스타
- [ ] 우유
- [ ] 커리가루

**한 주 시작 전
미리 만들어두자!**
든든한 밑반찬 3종

- [ ] 밤조림
- [ ] 연근볶음
- [ ] 무고추장조림

	아침 밥상	점심 도시락	저녁 밥상
Sun		꽃게라면	갈치구이 무나물 애호박나물
Mon	사과주스	밑반찬도시락 미나리나물	무피클 애호박소고기된장찌개 ⟳
Tue	애호박소고기된장죽 ⟳	마밥 두부고추장구이	갈치조림 미나리겉절이
Wed	애호박스크램블 사과구이	미나리마연근늙은호박덮밥	소고기뭇국 ⟳ 연근조림 ⟳
Thu	소고기무국밥 ⟳	연근조림볶음밥 ⟳ 양념장마구이	밤밥 ⟳ 애호박전 미나리전
Fri	밤라테 ⟳ 사과	사과조림토스트 두부샐러드	늙은호박크림파스타
Sat		늙은호박수프와 크루통	태국식꽃게튀김커리

	아침 밥상	점심 도시락	저녁 밥상
Sun		떡갈비토마토덮밥 양파샐러드	고등어조림 배추나물 표고버섯된장찌개
Mon	군고구마	밑반찬도시락 표고버섯된장찌개 ⟳	우엉찹쌀찜 떡갈비구이 속배추쌈
Tue	우엉주먹밥	고구마잡곡밥 ⟳ 떡갈비간장구이	고등어구이 배춧국 무생채
Wed	고구마곡물라테 ⟳	배추표고버섯우엉볶음덮밥	꽁치김치찜 ⟳ 우엉전 뭇국 ⟳
Thu	무국밥	꽁치김치찌개 ⟳ 무전	고구마샐러드 ⟳ 알리오올리오파스타 ⟳
Fri	고구마수프	고구마샌드위치 ⟳ 우엉라테	김치볶음밥
Sat		토마토+우유소스 파스타 파구이	밑반찬비빔밥 들기름우엉국

⟳ **사이클 메뉴**
넉넉히 만들어두었다가 약간의 품만 더하면
다음 날 아침이나 점심 식단으로 새롭게 변신이 가능한 메뉴입니다.

일주일치 쟝보기 리스트

- ☐ 달걀
- ☐ 양파
- ☐ 파
- ☐ 마늘
- ☐ 굴
- ☐ 삼치
- ☐ 우유
- ☐ 닭고기(가슴살)
- ☐ 브로콜리
- ☐ 시금치
- ☐ 무짠지
- ☐ 무
- ☐ 부추
- ☐ 미역
- ☐ 생면
- ☐ 들깻가루

**한 주 시작 전
미리 만들어두자!
든든한 밑반찬 3종**

- ☐ 무짠지무침
- ☐ 브로콜리간장피클
- ☐ 달걀조림

	아침 밥상	점심 도시락	저녁 밥상
Sun		굴무침 무생채	굴국 ◐ 미역초고추장무침 삼치구이
Mon	굴국밥 ◐	부추무침 밑반찬도시락	굴짬뽕
Tue	브로콜리수프	부추굴덮밥	삼치조림 브로콜리와 초고추장 시금치나물 ◐
Wed	시금치나물달걀찜 ◐	미역무생채 무짠지들깨주먹밥	닭고기부추볶음 ◐ 미역국
Thu	미역국밥	닭고기부추볶음비빔밥 ◐	시금치달걀말이 미역된장볶음
Fri	들깻가루라테	미역밥 양파김치	브로콜리샐러드 닭고기마늘파스타
Sat		들깻가루미역수제비	부추전 시금치된장국

	아침 밥상	점심 도시락	저녁 밥상
Sun		시래기밥 쑥갓무침	대구탕 시금치나물 콩나물무침
Mon	대구죽	콩나물밥 밑반찬도시락	연포탕 ↻ 파생채
Tue	낙지소면 ↻	두부조림 쑥갓나물	시금치고추장찌개 ↻ 감자채전 돼지고기간장불고기 ↻
Wed	시금치고추장국밥 ↻	돼지고기간장불고기비빔밥 ↻	콩나물국 ↻ 낙지볶음 파나물
Thu	콩나물죽 ↻	양파데리야키덮밥 양념김치	두부시래기나물 참치샐러드
Fri	두부라테	김치참치덮밥 무피클	시래기국수
Sat		콩나물국밥	두부김치 제육볶음 파전

일주일치 장보기 리스트

- 달걀
- 양파
- 파
- 마늘
- 대구
- 낙지
- 두부
- 무
- 돼지고기(불고기용)
- 시금치
- 감자
- 무시래기
- 쑥갓
- 콩나물
- 소면
- 참치통조림

**한 주 시작 전
미리 만들어두자!
든든한 밑반찬 3종**

- 감자조림
- 무시래기된장찜
- 콩나물조림

↻ **사이클 메뉴**
넉넉히 만들어두었다가 약간의 품만 더하면
다음 날 아침이나 점심 식단으로 새롭게 변신이 가능한 메뉴입니다.

책 본문에 있는 사이클 메뉴를 재구성한 메뉴판.
냉장고에 붙여두면 한눈에 볼 수 있어 편리하다.

Good night Good morning

두부달래된장찌개

달래된장죽

Good night Good morning

낙지볶음

낙지볶음비빔밥

Good night Good morning

양파달걀고구마샐러드

모닝롤샌드위치

Good night Good morning

홍합탕

홍합떡국

 낙지볶음을 넉넉히 만들어
다음 날 낙지덮밥이나 낙지볶음비빔밥,
낙지비빔소면으로 응용.

낙지볶음

낙지 3마리
대파 1대
양파 1개
새송이버섯 1개
당근 $1/4$개
부침용 기름 약간

양념 재료
고추장 2큰술
고춧가루 2큰술
설탕 1큰술
다진 마늘 2큰술

1. 낙지는 밀가루로 문질러 씻은 후
   한 입 크기로 썬다.
2. 파는 길이로 반 가른 후 4cm 길이로
   썰고 양파는 도톰하게 채 썬다.
   새송이버섯은 십자 모양으로 길게
   가른 후 도톰하게 저며 썰고
   당근은 길이로 반 갈라 도톰하고
   어슷하게 저며 썬다.
3. 볼에 양념 재료를 넣어 골고루 섞는다.
4. 달군 팬에 기름을 두른 후
   ❷의 채소와 버섯을 넣어 볶다가
   반 이상 익으면 낙지와 양념장을 넣고
   재빨리 볶는다.

낙지볶음비빔밥

밥 2공기
낙지볶음 1컵
김 1장
통깨 약간

1. 김을 잘게 부순다.
2. 달군 팬에 낙지볶음과 밥, 통깨,
   김가루를 넣고 골고루 섞으며 데운다.

 된장찌개를 1컵 정도 남겨
다음 날 된장죽으로 응용.

두부달래된장찌개

달래 20뿌리
두부 $1/2$모

국물 재료
멸치 10마리
다시마(5×5cm) 1장
된장 3큰술
물 3컵

1. 멸치는 머리와 내장을 제거하고
   다시마는 겉면을 닦는다.
2. 달군 냄비에 멸치를 넣어 볶다가
   노릇해지면 다시마와 물을 붓고
   20분 정도 끓인다.
3. 달래는 깨끗이 손질해 4cm 길이로
   썰고 두부는 깍두기 모양으로 썬다.
4. ❷의 국물에서 멸치와 다시마를
   건져낸 다음 된장을 풀고
   손질한 달래와 두부를 넣어
   한소끔 마저 끓인다.

달래된장죽

밥 1컵
두부달래된장찌개 1컵
부순 김 2큰술
물 2컵

1. 냄비에 물과 밥을 넣고 끓인다.
2. 밥이 퍼지면 두부달래된장찌개를 붓고
   골고루 퍼지도록 한소끔 더 끓인다.
3. ❷에 부순 김을 올린다.

 홍합 삶은 물을 4컵 정도 남겨
다음 날 홍합칼국수나 죽 등의 메뉴로 응용.

홍합탕

홍합 1팩
풋고추 1개
붉은 고추 1개
양파 1개
마늘 4쪽
물 6컵

1. 홍합은 껍데기를 깨끗이 씻고
   수염을 떼어낸다.
2. 고추는 송송 썰고
   양파는 도톰하게 채 썬다.
   마늘은 2등분으로 저며 썬다.
3. 냄비에 손질한 채소와 물, 홍합을 넣고
   채소와 홍합이 익을 때까지 삶는다.

홍합떡국

떡국용 떡 2줌
홍합 삶은 물 4컵
소금 약간
후춧가루 약간

1. 떡국용 떡은 미리 물에 담가
   불려놓는다.
2. 홍합 삶은 물에 불린 떡을 건져 넣고
   10~15분 정도 끓인다.
3. 떡이 퍼지면 소금, 후춧가루로 간한다.

 샐러드를 넉넉하게 만들어
다음 날 샌드위치의 스프레드로 응용.

양파달걀고구마샐러드

양파 $1/4$개
달걀 4개
고구마 2개
마요네즈 4큰술
소금 약간
후춧가루 약간

1. 양파는 곱게 다진다.
2. 달걀은 냄비에 물과 함께 넣어
   끓기 시작하면 13분 정도 끓여
   완숙으로 삶는다.
   고구마는 껍질을 벗겨 삶는다.
3. 볼에 삶은 달걀과 고구마를 넣고
   뜨거울 때 포크로 으깬다.
4. ❸에 다진 양파와 마요네즈, 소금,
   후춧가루를 넣어 골고루 버무린다.

모닝롤샌드위치

모닝롤 4개
양파달걀고구마샐러드
8큰술
마요네즈 4큰술

1. 달군 팬에 모닝롤을 따뜻하게 데운다.
2. 데운 모닝롤을 동그랗게 반으로
   가른 후 아래쪽 빵의 안쪽에 마요네즈를
   골고루 펴 바른다.
3. ❷에 고구마샐러드를 얹은 후
   빵 윗면으로 덮는다.

바질페스토채소구이

바질페스토채소샌드위치

마파두부

마파두부덮밥

닭갈비

닭갈비볶음밥

우엉잡채

우엉잡채덮밥

마파두부

두부 1모
돼지고기 앞다리살 100g
풋고추 3개
양파 1개
두반장 4큰술
식용유 약간

1. 두부는 1×1cm 크기로 깍둑 썰고
   풋고추와 양파는 굵게 다진다.
2. 돼지고기 앞다리살은 굵게 다진다.
3. 팬에 식용유를 넣고 달군 후
   돼지고기, 풋고추, 양파를 넣고 볶는다.
4. ❸이 모두 익으면 두반장과 두부를
   넣고 가볍게 섞듯이 볶는다.

마파두부덮밥

밥 2공기
마파두부 2인분
두반장 2큰술
녹말물 2큰술
(녹말가루 2큰술
 +물 2큰술)
물 1컵

1. 팬에 물을 붓고 끓으면
   마파두부와 두반장을 넣어 끓인다.
2. ❶에 녹말물을 풀어 넣고
   걸쭉하게 끓여 밥과 곁들인다.

바질페스토채소구이

가지 1개
주키니 2/5개
양파 1/2개
단호박 1/2개
바질페스토소스 5큰술
후춧가루 약간

1. 가지와 주키니는 동그란 모양을 살려
   0.5cm 두께로 어슷하게 썰고 양파는
   도톰하게 채 썬다. 단호박은 납작하게
   저며 썬다. 단단해서 썰기 쉽지 않은
   단호박은 전자레인지에 2분 정도
   돌리면 쉽게 썰린다.
2. 손질한 채소들과 바질페스토소스를
   섞어 골고루 버무린다.
3. 달군 팬에 ❷를 올려 양면을 노릇하게
   익힌 후 마지막에 후춧가루를 뿌린다.

바질페스토채소샌드위치

호밀빵 4장
바질페스토채소구이
2인분
모차렐라슬라이스치즈
3장
마요네즈 4큰술

1. 호밀빵에 마요네즈를 바른 후
   바질페스토채소구이를 올린다.
2. ❶에 모차렐라슬라이스치즈를 올린 후
   마요네즈를 바른 다른 빵을 덮는다.
3. 팬에 ❷를 올린 후 뚜껑을 덮고
   약한 불에서 양면을 4~5분 정도
   따뜻하게 데워 치즈를 녹인다.

우엉잡채

우엉 1대
참기름 3큰술
카놀라유 3큰술
조선간장 3큰술
설탕 3큰술
통깨 약간

1. 우엉은 부드러운 수세미로 문질러
   씻은 후 10cm 길이로 가늘게 채 썬다.
2. 달군 팬에 참기름과 카놀라유를 두르고
   채 썬 우엉을 넣어 달달 볶는다.
3. 우엉이 부드러워지면 조선간장, 설탕을
   넣고 골고루 버무린 후 통깨를 뿌린다.

우엉잡채덮밥

밥 2공기
우엉잡채 2인분
풋고추 2개
붉은 고추 2개
통깨 약간

1. 고추는 길이로 반 갈라
   씨를 제거한 후 곱게 어슷 썬다.
2. 달군 팬에 우엉잡채와 고추를 넣고
   골고루 섞어 볶은 후 밥 위에 얹고
   통깨를 뿌린다.

닭갈비

닭다리살 1팩
감자 2개
양배추 1/8통
양파 1/2개
깻잎 4장
통깨 1큰술
기름 적당량

양념 재료
조선간장 4큰술
설탕 2큰술
다진 마늘 1큰술
물 1컵

1. 닭다리살은 한 입 크기로 썬다.
2. 감자는 납작하게 4등분하고
   양배추, 양파, 깻잎은
   먹기 좋은 크기로 도톰하게 썬다.
3. 기름을 두른 달군 팬에 닭다리살과
   감자, 양배추, 양파를 넣고 볶아
   반 이상 익으면 양념 재료를 넣고
   골고루 섞어 볶는다.
4. 양념이 배어들면 깻잎을 올리고
   통깨를 뿌린다.

닭갈비볶음밥

밥 2공기
닭갈비 1인분
배추김치 2장
참기름 2큰술
김가루 4큰술
통깨 약간

1. 김치는 곱게 다진다.
2. 달군 팬에 다진 김치와
   닭갈비, 밥, 참기름을 넣고 볶는다.
3. ❷에 김가루와 통깨를 뿌린다.

문 인 영

경희대학교 식품영양학과, 관광대학원
조리외식경영 과정을 졸업하고 요리연구가 및
푸드스타일리스트로 활발하게 활동하고 있다. 젊은
감각과 숙련된 손맛으로 여러 매체에 요리와 요리
조언, 레시피와 스타일링을 선보이고 있다. 같은
음식이라도 건강한 재료와 조리법을 찾아, 보다
쉬운 요리법으로 간편하게 만들고, 먹음직스럽게
담아내는 일을 즐긴다. 방송 광고 촬영과 다양한
매체에서 메뉴를 개발하며 푸드 스타일링 작업을
하고 있다. '하겐다즈' 테이크아웃 메뉴와 카페
'놋그릇 가지런히'의 메뉴 컨설팅을 하기도 했다.

저서

⟨건강하게 살 빼는 저칼로리 밥상⟩

⟨계절의 선물⟩

⟨다이어트 야식⟩

⟨메뉴 고민 없는 매일 저녁밥⟩

⟨아이스크림 노트⟩

⟨싱글만찬⟩

⟨The Happiness of Korean Food⟩

All about SIMPLE COOKING

TWO IN THE KITCHEN

맞벌이 밥상

초판 1쇄 인쇄 2013년 11월 19일
초판 1쇄 발행 2013년 12월 3일

지은이 문인영
편집 · 진행 최세진
디자인 이윤임 Design I'm
사진 박유빈
교정 · 교열 박애경
요리 어시스턴트 김가영, 조수민

펴낸이 이웅현
펴낸곳 (주)도서출판도도
회장 조대웅
상무 정지아
재무이사 최명희
미술 이지은
기획 김민경
마케팅 차은영

출판등록 제300-2012-212호
주소 서울시 종로구 새문안로 92 오피시아빌딩 1225호
전자우편 dodo7788@hanmail.net
내용문의 02)739-7656(106)
판매문의 02)739-7656(206)

Copyright ⓒ 문인영

ISBN 979-11-85330-04-4

도도 마스터 쿡 시리즈

짜지 않은 반찬
제철 채소, 생선과 해물, 고기, 두부와 달걀로
만드는 반찬과 일품요리, 두고두고 먹을 수 있는
저장 밑반찬까지 260가지 밥도둑 레시피를 한데
모았다. 모든 레시피는 맛깔스러움은 더하고
나트륨은 덜어 낸 저염 요리법으로 만들어졌다.

짜지 않은 밥 국수
맛있는 밥 짓기 노하우와 국수 삶는 요령부터
밥과 국수를 활용해 만들 수 있는 다양한 한 그릇
요리가 가득하다. 요리와 잘 어울리는 양념장,
반찬, 국물, 후식 레시피는 물론이며 여러 가지
스타일링 아이디어까지 두루 담았다.

짜지 않은 국 찌개
매일 먹어도 질리지 않는 기본 국물요리와
사계절 제철 재료를 마음껏 즐길 수 있는 다양한
국, 찌개, 전골, 탕 요리백과. 보다 건강한 식탁을
차릴 수 있는 저염 조리 비결과 쉽게 만드는
밑국물, 맛깔스러운 양념 노하우까지 가득하다.